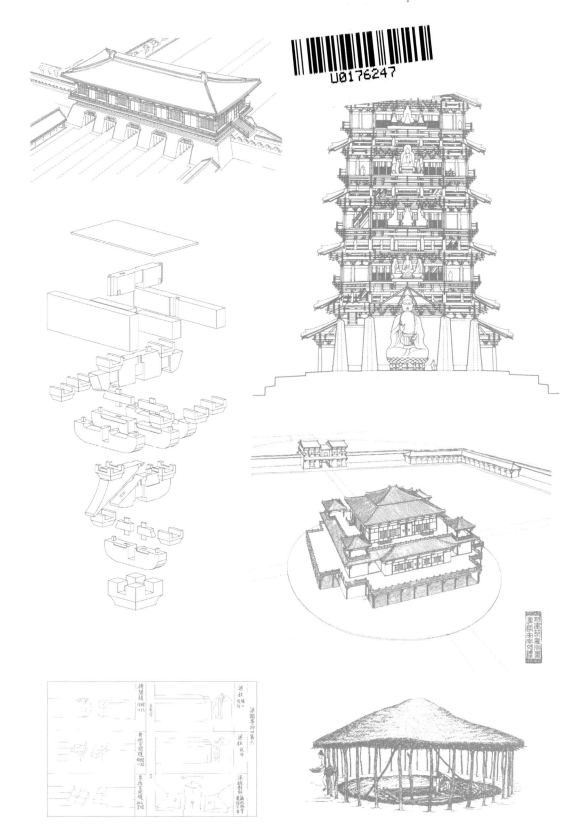

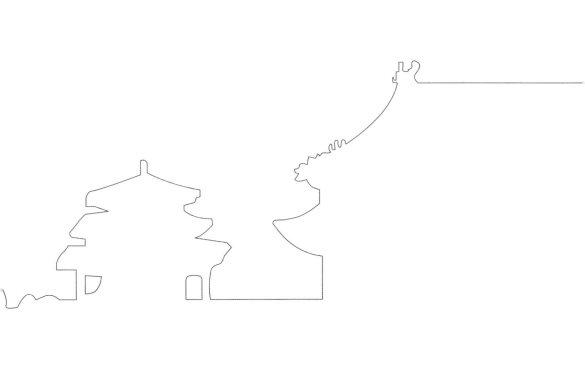

图书在版编目(CIP)数据

图说中国建筑 / 陈捷, 张昕著. –– 武汉: 华中科技大学出版社, 2022.8
(空间的诗)
ISBN 978-7-5680-8488-8

Ⅰ.①图… Ⅱ.①陈… ②张… Ⅲ.①建筑史–中国–图集 Ⅳ.①TU–092

中国版本图书馆CIP数据核字(2022)第114545号

图说中国建筑
Tushuo Zhongguo Jianzhu

陈捷　张昕　著

出版发行：华中科技大学出版社（中国·武汉）　　　　　电话：(027) 81321913
　　　　　华中科技大学出版社有限责任公司艺术分公司　　　　(010) 67326910-6023
出 版 人：阮海洪

责任编辑：莽　昱　　　　　　　特约编辑：舒　冉
责任监印：赵　月　郑红红　　　书籍设计：唐　棣

制　　作：邱　宏
印　　刷：北京顶佳世纪印刷有限公司
开　　本：720mm×1020mm　1/16
印　　张：11
字　　数：100千字
版　　次：2022年8月第1版第1次印刷
定　　价：168.00元

空间的诗

图说

中国建筑

陈捷　张昕　著

华中科技大学出版社
http://www.hustp.com

有书至美
BOOK & BEAUTY

中国·武汉

目 录 |
Contents

Chapter

3 之作 经典

目 录 |
Contents

Chapter

1

建筑
要素

1. 造型与布局

　　中国疆域广大，各地自然条件差异明显，各类人群的文化传统与生活习俗也多有不同，由此形成了许多独具特色的地域性建筑。但从整体来看，中国传统建筑的单体造型大体保持了由屋顶、屋身、台基共同构成的"三段式"特征，其中又以汉族地区的传统木结构建筑最为典型。单体布局方面，中国传统建筑普遍为矩形平面，一般于长边方向开门，与欧洲古典神庙、教堂等建筑惯于短边开门的做法差异明显。就组群布局而言，中国传统建筑以院落围合为基本特征，通过由屋宇、围墙、回廊等共同构成的内向性封闭空间，可以营造出宁静、安全、舒适的生活起居环境。同时通过不同院落的巧妙组合，又可以形成规模庞大，且富有秩序感与神圣性的建筑群体，由此即可发展出满足不同社会需求的建筑类型。

三段式造型

　　"三段式"是传统木构建筑的基本造型规律，历代沿用不辍。三段的上段为屋顶，亦称屋盖，是造型与等级重要的象征物之一。屋身为中段，是主要的使用空间，不同的开间数也直接彰显了等级与秩序。台基为下段，是建筑基础所在，高度与样式的变化直接体现了使用者的身份差异。图示为北京故宫太和殿高居三重须弥座台基之上，面阔十一开间，顶部为最高等级的重檐庑殿顶，充分彰显了帝王的至高权力。

面阔与进深

　　传统木构建筑由于受到材料特征的约束，单体平面普遍为矩形，内部以立柱形成十字形柱网。长边称面阔方向，短边为进深方向，计量单位以两根立柱之间的空间为一"开间"。面阔的开间数自隋唐之后通常取奇数，多为三至十一间，早期还有偶数开间的做法。进深方向则奇偶均可。不同位置的开间各有名称，中央称当心间或明间，尽端为梢间，其余均为次间。图示为北京故宫太和殿平面图，面阔十一开间，进深五开间。

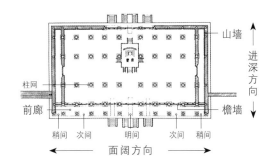

减柱与移柱

在宋辽金时期，木构建筑曾有一次波澜壮阔的技术革新，最突出的特征是在保持面阔与进深的开间数均不变的前提下，将室内的柱网予以简化。常见做法是通过使用大跨度梁枋，从而减少内部的立柱数量，获得开敞的室内空间。同时为兼顾结构可靠性和空间需求，还可移动立柱位置。图示为华严寺大雄宝殿平面，可见殿内进深方向减去两排共十二根立柱，还将剩余的两排立柱进行了移动，由此获得了开敞的供奉与瞻礼空间。

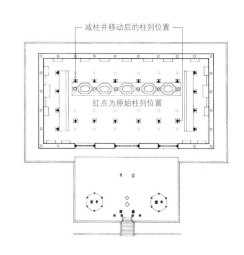

副阶与围廊

传统木构建筑为丰富造型，获得开敞的过渡性空间，常于主体外围使用围廊。唐宋时期的高等级建筑，其围廊常环绕主体布置，称为"副阶周匝"。如太原晋祠圣母殿，主体以围廊环绕，同时配合减柱做法，在前部形成了非常开阔的祭祀空间。明清时期，环绕做法逐步减少，多于建筑前后设横向外廊，如前述太和殿的做法。

组群布局

　　中国传统建筑布局以合院式格局最为典型，普遍具有明确的中轴线与递进关系，核心建筑位于中央位置，左右对称分布各类辅助设施。同时为增强气氛、确保安全，核心建筑之前往往会沿轴线设置多重连续的院落。如北京故宫宫城内以前后三大殿为中心，左右对称安置了文华殿、武英殿、东西六宫、慈宁宫、宁寿宫等，并以午门、太和门、乾清门、神武门等分隔，形成多进院落。

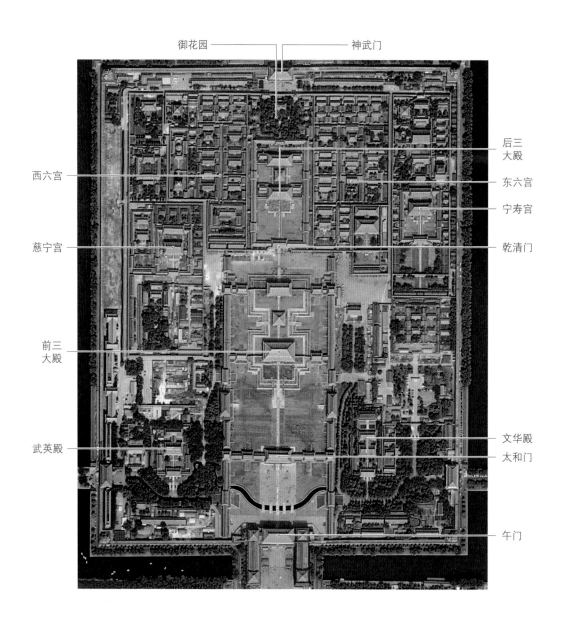

御花园 —— 　　 —— 神武门

后三大殿

西六宫

东六宫

宁寿宫

慈宁宫

乾清门

前三大殿

武英殿

文华殿

太和门

午门

2. 大木作

中国传统建筑以木结构为核心，是一种通过榫卯技术连接起不同构件、轻巧高效的框架式承重体系。木制构件依位置与功能不同，主要有柱、梁、额、枋、檩、斗拱、椽、飞等，一般统称为大木作，而与之配合的门窗、室内装饰等则称为小木作。大木作是结构构件，配合台基，以承重为主要功能，形同骨骼；而小木作、屋瓦、脊饰等主要起着维护、装饰作用，类似肌肉与皮肤。以上种种，共同构成了绚丽多姿的传统建筑，而各类构件的造型与功能演化，也直接奠定了传统建筑不同的样式与时代风格。同时，由于现存有宋代《营造法式》与清代《工程做法》两部官方营造文献，故而针对类似位置与功能的构件存在两套术语体系。为明晰起见，元代及之前的建筑通常以《营造法式》的术语称呼，而明清时期的建筑则以《工程做法》的术语讨论。

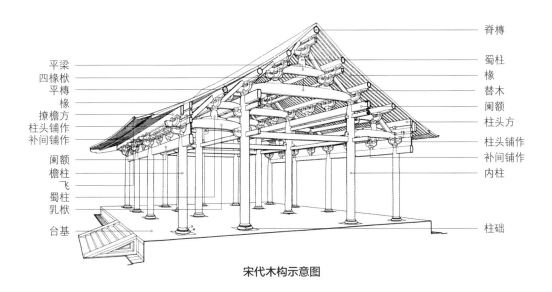

平梁
四椽栿
平槫
椽
撩檐方
柱头铺作
补间铺作
阑额
檐柱
飞
蜀柱
乳栿
台基

脊槫
蜀柱
椽
替木
阑额
柱头方
柱头铺作
补间铺作
内柱
柱础

宋代木构示意图

柱

柱是一种垂直支撑构件，在木构建筑中通常采用单棵树木的主干制作而成，是核心承重构件之一。单层建筑中的柱一般上承斗拱、梁枋，下接柱础及台基，负责承托整个建筑，并将荷载传递至地面。依位置不同，位于檐下的称檐柱，位于室内的称金柱或内柱。柱的造型通常顺应木材的自然形状，上细下粗，但南北朝时期，亦曾有特殊的梭柱出现。

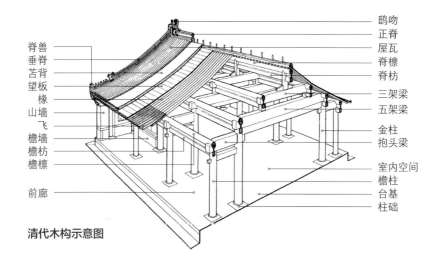

脊兽
垂脊
苫背
望板
椽
山墙
飞
檐墙
檐枋
檐檩
前廊

鸱吻
正脊
屋瓦
脊檩
脊枋
三架梁
五架梁
金柱
抱头梁
室内空间
檐柱
台基
柱础

清代木构示意图

梁

梁是指进深方向的水平承力构件，负责逐层承托整个屋面的重量，并通过与柱的交接，将荷载传递至柱身之上，同为核心的承重结构。梁依据清代的命名规则，常见有三架梁、五架梁、七架梁。与之对应，宋代则称为平梁、四椽栿、六椽栿。历代官式建筑的梁无论外观抑或断面，多为方正平直的矩形。而江南民间建筑中则多见秀丽灵巧的圆弧造型，称为月梁。

额、枋、檩

额与枋指的是在面阔方向承接斗拱或檩的水平承力构件。宋代称其较大者为额，较小者为方。清代将较大者称为额枋，较小者称为枋。木结构最上部，与额枋平行，直接承托椽、飞与瓦面的水平承力构件，宋代称为槫或方，清代称为檩或桁。额、枋、檩三者通过与梁柱及斗拱交接，形成了完整的框架式结构，得以有效传递荷载，完成结构作用。

椽、飞

椽位于建筑顶部的檩之上，一般为圆形或方形的细长木条，分段固定于两根檩之间。其作用形同人体的肋骨，覆盖了整个梁架上部，形成稳定的基面，用以承托各类屋顶构件。飞亦称飞椽，实为椽的延长，一般以方形木条附于椽之上，可以进一步增加屋面外延，增强遮蔽风雨的能力。飞椽通常仅出现于唐代以后的建筑之上，这也成为判定建筑年代的重要标志。

屋面构造

传统建筑的屋面依时代与地域不同，存在多种做法。明清时期北方官式建筑在椽飞之上会铺设一层薄木板，称为望板，之上再铺设由石灰、黏土、细沙混合而成的三合土防水保温层，称为苫背。重要的皇家建筑会以铅锡薄片铺砌于屋顶，增加一层防水层，称为锡背。苫背上方就是以灰浆黏结砌筑的屋瓦与脊饰。早期屋面做法较为简单，于椽飞之上直接置薄砖，称为望砖，其上再铺砌屋瓦。此种做法利于散热，明清时期仍流行于南方建筑中。

3. 结构类型

中国境内不同区域木构建筑的风格差异颇大，但从结构角度看则较为统一，大体可分为抬梁式、穿斗式、井干式三种技术体系。抬梁式结构通过使用大跨度梁枋，可以获得较开敞的室内空间，在大型建筑上得到广泛使用，而穿斗式与井干式则多用于小型建筑。同时，与木结构并行，砖石结构在各时期也得到了不同程度的发展。早期以砌筑台基、墓室、小型建筑最为常见，至元明时期则出现了较大型的砖拱券建筑，多以仿木建筑形象出现，俗称"无梁殿"。与前述技术相配套，夯土技术自原始时期开始，就在建筑基础与墙体建造上得到了广泛使用。至晚近时期，更发展出了以土楼为代表的集合式大型住宅体系。

抬梁式木结构

抬梁式结构是中国传统木构最主流的技术类型。基本特点为柱顶置梁，梁的端部安放檩条，梁中部通过短柱支叠短梁，层层而上，可至三到五层。如柱顶使用斗拱，则梁头安置于斗拱之上。借助大跨度的梁枋，这种结构可以提供开敞的室内空间，故而为各类高等级建筑广泛采用，图为唐代建筑芮城广仁王庙正殿内的抬梁式木构。

柱头铺作　　叉手 脊槫 平梁　　撩檐槫 柱头方

柱　转角铺作　四椽栿　平槫　　阑额

穿斗式木结构

穿斗亦称"串逗"，常见于南方地区。基本特征为檩条直接置于柱头之上，沿进深方向用穿枋将柱子串联起来，形成一榀榀的屋架。沿面阔方向，再用穿枋将各榀梁架串联起来，由此形成整体框架。这种做法的优点是用材节省，取材便利，可以用细小木料组合为屋架。但由于柱列密集，无法提供开阔的室内空间，一般只用于小型民居之上。

混合式木结构

穿斗式结构为降低过密柱列的影响，部分吸收抬梁式的做法，发展出了混合式做法。此种做法仍为柱头承檩，以穿枋连接柱列，但通过局部使用大型穿枋，形成了类似抬梁式的格局，有效减少了室内立柱数量，是一种较为合理的做法，故而现存穿斗式结构普遍具有混合式的特征。图示为潮州民居中的混合式屋架。

井干式木结构

因其状如古代水井的围栏，故名井干。井干式结构首先将木材平行向上层层叠置，在转角处利用榫卯咬合，形成房屋四壁，然后在侧壁上承檩构成房顶。但此种做法木材消耗巨大，故而多见于林区，中国只在东北、西南山区少量出现。图为著名的日本东大寺正仓院正仓。

石砌结构

在中国西南山区，如羌族及嘉绒藏族聚居区，山体多为板岩或片麻岩，易于开采加工，且经久耐用，故而逐步形成了以石材砌筑墙体的结构形式。此类建筑墙体为石砌，屋顶为木结构，上覆土层，很适合当地干燥少雨的气候特征。图为马尔康地区的松岗民居及碉楼建筑群。

夯土结构

夯土技术早在原始时期即已出现，通过人工夯筑，可以大大增加夯土体的强度和耐久性，是古代墙体、台基常用的构造方法。由于夯土是分层夯实，在夯土体之上能看到明显的分层痕迹。图示为克孜尔尕哈烽燧，位于新疆库车，始建于西汉，沿用至唐代，是丝绸之路北线上时代最早、保存最完好的夯土烽燧遗址，高约12米，夯土层厚12厘米－15厘米。

砖拱券仿木结构

中国早期纯砖石结构多见于地下墓室，地面以上除佛塔及桥梁外，较少使用此类技术。至元明时期，伴随砖瓦生产的迅速增长，同时通过吸收中亚与西亚地区的拱券技术，汉地出现了样式繁多的砖拱券建筑，多数为仿木建筑造型。图为山西太原永祚寺正殿，建于明万历时期，下层外观五开间，上部外观三开间，内部均为三座连续的砖拱券。

4. 斗拱

斗拱是中国传统木构建筑中最独特的部分，状如绽开的花朵，居于檐下，通过层层出跳来增大檐部伸出距离，并将其承托的屋顶重量传递到柱、额之上。同时斗拱也是重要的立面装饰与等级象征，通常只用于高等级建筑。早期斗拱的构成较为简易，多由简单叠累的斗与拱构成，结构承力功能突出。此类做法在殷商时期已可看到雏形，战国时期中山王陵出土的铜案上可看到明确的一斗二升斗拱造型。至汉代之后，斗拱开始得到普遍使用，但出跳较少，造型以一斗三升为主。南北朝至隋唐时期，斗拱发展迅速，出现了斜向的昂，通过杠杆原理，使出跳距离明显增加，檐部也得以进一步外伸，可以更加有效地保护建筑下部的木结构与基础。至宋金元时期，斗拱已趋于成熟，开始日渐富于装饰性。明清时期是斗拱发展的最后阶段，此时斗拱的结构功能已日趋式微，装饰与等级象征成为主要功能。

斗拱的计量与类型

斗拱的计量单位以组而论，宋代称为一朵，清代称为一攒。依位置不同，可分为柱头斗拱（宋称柱头铺作、清称柱头科）、柱间斗拱（宋称补间铺作、清称平身科），以及转角斗拱（宋称转角铺作、清称角科）。早期建筑仅有转角斗拱与柱头斗拱，普遍雄大健硕，有力地承担了深远的檐部，如图佛光寺前檐悬挑伸出达四米之多。柱间斗拱出现于中唐之后，图中可见造型纤细、尚处在发展中的柱间斗拱。

套兽　角梁　转角斗拱　柱　　　撩檐槫　椽（无飞）　替木　柱头斗拱　柱间斗拱　阑额

斗拱的构成与规格

斗拱主要由水平放置的方形斗、矩形的拱以及斜置的昂组成，通过榫卯结构相互连接，用以承托上方的槫、枋等构件。斗拱至唐宋时期形成了较为固定的构成模式，并一直延续至明清。其规格以拱与昂的出跳数量来定义，通常为一至五跳，宋代分别称为四铺作至八铺作，清代则取奇数，称为三踩至十一踩。图示即为一朵宋代五铺作斗拱模型。

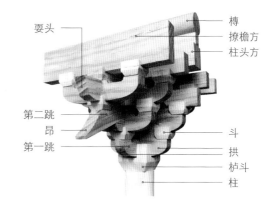

要头
第二跳
昂
第一跳

槫
撩檐方
柱头方
斗
拱
栌斗
柱

汉代斗拱

汉代是斗拱的成型期，在画像石、墓阙、明器等材料上可以看到此时斗拱的形式已颇为丰富，有一斗二升、一斗三升等做法，有单层拱，也有重拱。斗拱一般置于柱头之上，用于多层建筑外檐时，则常用插拱做法。图示为东汉陶楼，在建筑本体之上伸出一条悬臂插拱，再在其上安置多层叠累的重拱，形成出跳。

南北朝斗拱

本时期一斗三升做法仍在沿用，但多与人字拱配合出现（图a）。同时，更先进的纵向出跳做法也开始出现，如朔州九原岗壁画墓所示建筑。现存实物以源自中国南朝木构技术的日本法隆寺

最为典型。图b为法隆寺中门斗拱，可见拱与斜昂自柱头栌斗之内出跳，最上方安置斗拱与替木，直接承托檐枋，做法简洁明快，轻盈高效。

唐代斗拱

　　唐代斗拱日趋成熟，柱头与转角铺作已很完善，但补间铺作还较为简单，只起到辅助作用。图为代表中晚唐技术特征的佛光寺东大殿斗拱，可见柱头铺作气势雄浑、体量巨大，自柱头栌斗内出四跳，两根斜昂跃然而出，有力地承托起檐部，斗拱较法隆寺更加紧密合理。反观补间铺作，仅出两跳，十分纤细，两侧还有装饰性云拱出现。

辽代斗拱

　　辽代斗拱继承了唐的技术特征，以柱头与转角铺作为核心。补间铺作仍较纤细，但较佛光寺已有明显进步，如独乐寺观音阁，补间铺作已通过斗子蜀柱直接落于阑额之上，受力变得更加合理。同时辽代斗拱的装饰性也日益增强，如应县木塔有六十余种斗拱样式，转角铺作尤其华丽，两侧拱身采用斜切造型，与上方斗拱反复穿插，如花团锦簇一般。

宋代斗拱

　　斗拱发展至宋代已十分成熟。补间铺作的造型、体量及结构作用已与柱头铺作趋同。通过《营造法式》与相关实物可以看到，宋代斗拱设计制作具有显著的规范性，模数制已得到广泛运用。伴随补间铺作的成熟，柱头与转角铺作所承担的荷载明显降低，斗拱用材与体量也开始减小，假昂做法开始出现，太原晋祠圣母殿就是典型代表之一。

金元斗拱

金代斗拱继承了宋代端庄、规整的风尚，但又受到辽代斗拱装饰化特征的影响，大量使用斜拱。此类斜拱一方面可以增加荷载承受力，但更多则是出于装饰目的，具有突出的炫耀性。如大同善化寺三圣殿的补间铺作，一反早期纤细、弱小的形象，刻意制作成极其复杂、夸张的造型，较之柱头铺作庞大许多。元代斗拱大体上继承了金代的特征，但斜拱已较少使用。

明清斗拱

明清时期，伴随结构技术的发展，梁柱结合日趋紧密，斗拱的结构作用被明显削弱，体量随之大大缩小，昂已全部变为假昂。此时斗拱逐渐从最重要的檐部支撑结构，转化为近乎檐部装饰的构件。与之相应，檐下斗拱数量明显增加，排列密集，远远望去，宛如一条凸凹变化的立体装饰带，与佛光寺檐下形象分明、健硕雄壮的早期斗拱造型迥然不同。

5. 榫卯

榫卯是榫头与卯口的简称，指传统木结构的连接构件及其工艺。木构件上凸出的连接部分称为榫或榫头，凹入的开槽则为卯或卯口。榫卯工艺就是将榫头插入卯口中，使各构件连接并固定，以此构建出完整的木构框架。榫卯工艺是世界范围内广泛存在的结构技术，而中国传统木结构则是运用榫卯工艺最广泛、最完善的技术体系。传统木结构由于采用分件制作，在实践中普遍采取榫卯连接的方式，但必要时也会用铁钉、铁箍等加固，如椽飞普遍会使用铁钉予以固定，拼镶梁柱会以铁箍加固。中国榫卯工艺早在距今约五千年的余姚河姆渡文化中就已经出现，后期逐渐成为木结构技术的主流。通过使用榫卯工艺，木构建筑可方便地维护、拆卸、搬迁，同时木制榫卯的弹性结构也对抗震稳定起着良好的作用。

框架式结构

传统大木作，无论柱、梁、额、檩、斗拱，普遍通过榫卯结构予以固定，由此形成了一个轻巧的框架体系。辅以合适的结构类型，如抬梁式结构，可以形成灵活开敞的室内空间，避免了墙承重体系中室内空间直接受制于墙体分布的缺陷。这也是中国传统木结构建筑的一大优势所在。

d 梁檩枋榫卯

a 角柱榫卯

c 檩条榫卯

b 檐柱榫卯

大木作榫卯

图 a 为角柱端部卯口，用以容纳十字交叉的额枋。图 b 为檐柱榫卯，可见顶部榫头和两侧用来与燕尾榫交接的梯形卯口。图 c 为檩条，可见特殊的十字刻半榫，专用于两个圆柱形构件进行水平九十度重叠交接。图 d 为大梁的梁头，可见上部用来承托檩条的半圆形卯口及下部用来插接枋及垫板的卯口。此外，还能看到柱与额枋交接的状态。

《营造法式》榫卯图示

《营造法式》作为现存最早的官方营造文献，保存了大量早期榫卯做法，普遍较后期更加复杂。如槫及枋的连接，采用螳螂头做法，即榫头不是晚期较简单的外大内小的燕尾榫，而是端部呈梯形、状如螳螂头部的复杂榫卯做法。其他如勾头搭掌、鼓卯等做法亦类似，均较后期复杂。

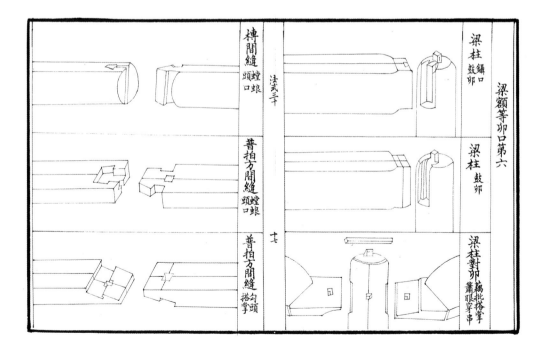

斗拱分件榫卯结构

b

斗拱是中国古代建筑中构成最复杂、变化最多样的部分。一攒斗拱往往会由数十个部件组成，各部件依据位置不同，还会有不同的名称，颇为复杂艰深。仅斗拱本身，就是建筑历史研究的一个重要领域。图 a 为一攒宋代四铺作插昂斗拱的分件示意图，可见构成之复杂。图 b 为一攒元代四铺作插昂斗拱实物，构造与宋代基本相同，可代表组合后的形象。

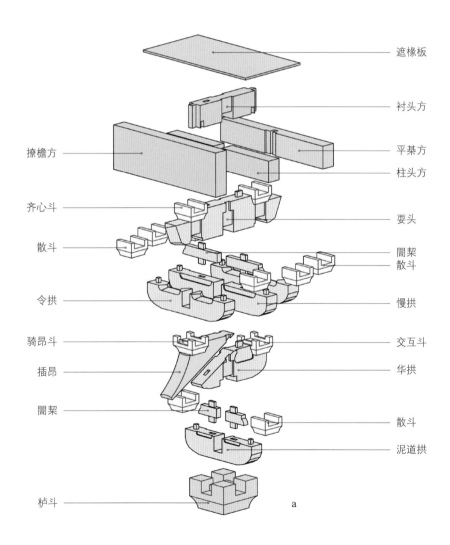

遮椽板

衬头方

撩檐方

平槫方

柱头方

齐心斗

耍头

散斗

闇栔

散斗

令拱

慢拱

骑昂斗

交互斗

插昂

华拱

闇栔

散斗

泥道拱

栌斗

a

6. 屋顶

　　屋顶是三段式格局的上段，也是传统建筑造型与等级最重要、最突出的象征物，历经数千年的发展，形成了富有独特视觉效果和强烈艺术感染力的完备体系。远远伸出的屋檐、高耸的流线型屋面、飞鸟展翅般的翼角、绚丽多彩的琉璃装饰等，都是传统木结构屋顶独有的魅力。《诗经·小雅》对此就有"如鸟斯革，如翚斯飞"的形容。至明清时期，常见的屋顶样式主要有庑殿顶、歇山顶、悬山顶、硬山顶、攒尖顶、平顶等。通过不同屋顶的组合，可以使建筑形体与轮廓线变得愈加丰富，特别是从高空俯瞰，造型效果会更加优美突出，由此屋顶也被称为建筑的"第五立面"。与此同时，屋顶也是等级制度的核心体现。以明清时期为典型，不同样式的屋顶形成了明确的等级秩序与使用组合原则，深刻影响了单体造型与组群布局。

庑殿顶

　　庑殿顶亦称四阿顶，阿指屋顶坡面，顾名思义，是由四向聚拢的四个坡面构成，图示为华严寺大雄宝殿。因各坡面交汇处会施用一条正脊与四条垂脊，故而庑殿顶也称五脊顶。庑殿顶早在商代甲骨文中即已出现，实物以东汉墓阙及佛光寺东大殿为最早。它的出现早于歇山顶，后期逐渐成为最高等级建筑的象征，一般用单檐，重要者可用重檐。

悬山顶

　　悬山顶又称两坡顶，即沿建筑进深方向前后各伸出一个坡面，是最常见的一类屋顶。悬山指屋面的两端会悬挑伸出在山墙（即进深方向的墙体）之外，用以遮蔽风雨，保护木结构和墙体，如图示佛光寺文殊殿。悬山顶最早可见于汉代画像石与明器，但仅用于民间建筑或次要建筑，可见当时屋顶等级已有明显区分。

a

歇山顶

　　歇山顶源自悬山顶，出现相对较晚，因其有一根正脊、四根垂脊、四根戗脊，也称为九脊顶。通过南北朝时期的敦煌壁画及相关建筑，如日本大阪四天王寺（图 a）可以看到，歇山顶相当于在悬山顶四周增加了一圈副阶，以四坡形屋面与之组合形成了歇山造型。国内现存最早的实物为

b

唐代五台山南禅寺大殿（图b）。歇山顶样式华丽、变化丰富，后期成为仅次于庑殿顶的次高等级屋顶样式，在得到广泛使用的同时也发展出了诸多绚丽多彩的样式，如故宫角楼的十字歇山顶（图c），以及中央不设正脊、改用弧形屋顶的故宫畅音阁卷棚歇山顶（图d）等。

c

d

硬山顶

硬山顶源于悬山顶，其山墙为砖石砌筑，与土坯或木板墙相比坚固许多，故得名"硬山"。由于砖石山墙坚固耐久，故而屋顶不需伸出山墙之外进行遮蔽，两侧山墙反而会高出屋顶，将整个山面封闭起来，更好地发挥保护作用，如图示沈阳故宫文溯阁。硬山顶在宋代已出现，至明清时期得到普遍使用，成为民居和低等级建筑的常用做法。

攒尖顶

攒尖顶多见于面积较小的建筑之上，特点是屋面陡峭，自边缘向上聚拢升起，汇聚至中央安置宝顶。建筑平面样式多变，常见有方、圆、六角、八角等，普遍为中心对称布局。造型多为单檐，少数高等级者用重檐。攒尖顶早在南北朝时期已出现，明清时期多见于园林风景建筑，如图示故宫乾隆花园内的符望阁，少量为宫殿或坛庙建筑。

天安门　午门阙亭　午门门楼　　　　　　太和殿　弘义馆　　　　　　　　　　　隆宗门

端门　　体仁阁　　　太和门　　　　崇楼　景运门　中和殿　　保和殿　　　崇楼　乾清门

屋顶的等级与组合原则

　　明清时期屋顶的等级秩序与使用组合原则颇为复杂，首先重檐等级高于单檐，其次庑殿顶为最高等级，由此形成重檐庑殿＞重檐歇山＞重檐攒尖＞单檐庑殿＞单檐歇山＞单檐攒尖＞悬山＞硬山的等级排列。就组合原则而言，建筑群中正殿屋顶等级应最高，配殿其次，前导殿宇均应低于正殿。以北京故宫天安门至前三大殿建筑群为例，为突出中轴线之上核心建筑的崇高地位，其屋顶均为重檐做法（中和殿为辅助性建筑，采用了单檐攒尖顶）。其中，天安门、端门、太和门作为前导，采用重檐歇山顶。午门为宫城正门，门楼采用最高等级的重檐庑殿顶，两侧辅以重檐攒尖阙亭。太和殿作为至高所在，同为重檐庑殿顶，而其后地位稍逊的保和殿，则降为重檐歇山顶。太和殿广场东西两侧的体仁阁与弘义馆为单檐庑殿顶二层楼阁，与太和殿形成很好的匹配关系，而中轴线两侧的侧门及北向的乾清门则均使用单檐歇山顶，四角辅以高耸的重檐歇山崇楼，进一步完善了整个空间的等级秩序关系。

7. 台基

台基是三段式格局的下段，是整个建筑的基础所在，与之配套的还有台阶、栏杆等部分。台基的出现最早源于木构建筑御潮防水的需求，但随后成为建筑等级与装饰的重要内容。早期台基为纯夯土做法，两汉时期高等级的台基外部开始普遍包砌砖石，起到防护与装饰作用。至南北朝隋唐时期，除普通方形台基外，还通过吸收佛座造型，发展出了须弥座式台基。普通台基一般以夯土为内芯，外部包砌砖石，华丽者会贴砌各种纹样的饰面砖。须弥座台基则多以石材砌筑雕刻，普遍做工精美，是高等级建筑的重要标志。台基之上的栏杆早在河姆渡文化中已有发现，起到防护、装饰的作用。宋代称为勾栏，通常由竖向的望柱和横向的寻杖与栏板组成。早期为木制或木石混合，局部使用金属构件予以加固。至金元之后，大型建筑的须弥座台基之上多配用雕饰精美的石质栏杆。

汉唐时期

本时期的台基已较为成熟，如中唐时期的榆林窟第 25 窟壁画所绘，台基多为矩形，装饰十分华丽，上部四沿与侧面均镶嵌了不同颜色的团花纹方砖，台阶部分亦为花砖包砌。建筑前部的莲池边则有栏杆围绕，主体为木制，纤细轻巧，望柱顶端和构件交接处为金属装饰，类似做法仍可见于日本传统建筑中。栏板上还雕饰有各种棂花纹样。

两宋时期

本时期的台基做法已十分华丽，特别是高等级须弥座尤其突出。完成于北宋初年的正定隆兴寺大悲阁须弥座，共十一层，上部雕饰了伎乐天、迦陵频伽、兽面、人面、团花、仰莲等。束腰壶门内雕饰伎乐人物，下部为蹲兽和覆莲。整体造型可谓样式繁复、做工精美，是国内现存高等级须弥座代表之一。

辽金时期

辽金时期的大型建筑台基多为方形，外部以砖石包砌，华丽者会在边缘镶嵌花砖或石雕。勾栏仍以木结构为主，样式较为朴素，局部辅以金属加固，与唐代颇为类似，如图示繁峙岩山寺金代壁画所绘。中小型台基则常用须弥座造型，多见于塔幢、墓室之内，与宋代类似，多施雕饰，颇为华丽。

元明时期

元明时期的高等级台基开始大量使用须弥座造型，较早期华丽许多。栏杆也多改为耐久的石质栏杆。如图示明初南京孝陵享殿台基，为三层石砌须弥座，上立石质栏杆，雕饰精美、气势恢宏。普通的砖石包砌做法仍有广泛使用，如元代永乐宫建筑群中，均为砖石包砌的方形台基，明初武当山建筑群中亦有大量使用。

北京故宫前三大殿台基

该台基创建于明永乐时期，将故宫最重要的太和、中和、保和三殿集于一体。现今格局保持了初创时的尺度与比例关系，但构件多为历代修替后的结果。台基样式为典型的官式做法，用材均为汉白玉，规模宏大、雕饰精美、比例匀称，是明清时期皇家建筑台基的集大成者。

8. 小木作

小木作依位置不同，可分为外檐装修与内檐装修。前者位于室外，包括门窗、装饰木雕等。后者则处于室内，包括屏风、藻井、天花以及各类陈设等。门是建筑出入、安防的基本设施，最常见者为版门，自周代青铜器之上已可看到清晰的形象，后期广泛运用于城门、宫殿、衙署、寺庙等建筑之上。其次为隔扇门，在唐代已大量使用，相比版门更加轻巧华丽，多用于小型建筑及室内隔断。窗是建筑采光通风的必备构造，早期窗多为固定做法，如佛光寺东大殿的直棂窗，后期出现了可开启的窗扇，造型多与隔扇门类似。屏风用来遮挡视线、分隔空间，常与各类家具配合使用。早期实例如北魏司马金龙墓出土漆屏，后期造型日益繁复，体量也不断增大，成为等级与身份的重要象征。藻井与天花位于建筑顶部，是高等级建筑的必备设施，也是室内装饰重要的组成部分。

版门

版门一般为两扇对开，因其坚固安全且气势庄严，在各类重要场合得到了广泛运用。特别是在强调安全防御的宫殿建筑内，主要门道之上均安置版门。图为北京故宫太和门西侧的昭德门，入内即为太和殿广场。大门装饰华丽，每扇之上纵横镶嵌了各九道门钉，合计九九八十一枚，象征了至高无上的皇权。此外，还有精致细腻的铜鎏金门环及角叶。

隔扇门窗

隔扇门窗多用于小型建筑，常见为两扇对开，但亦可根据需要使用多对隔扇。隔扇门由上部的棂花和下部的裙板组成，隔扇窗则整扇以棂花镶嵌。门窗棂花的样式繁多，简易者用直棂，复杂者宛如花团锦簇，如平阳金墓中的仿木砖雕隔扇就极其繁复华丽。明清时期的高等级棂花多用毬纹。图示为北京故宫内的隔扇门窗，均为此种做法。

外檐木雕

明清时期的民间建筑普遍喜好使用细密华丽的木雕，用以彰显财富，祈福迎祥。北方地区以晋商大院较为典型，南方则以徽州民居最为突出。如浙江兰溪诸葛村的丞相祠堂，可谓无处不雕饰，石柱之上的"牛腿"雕饰为骑狮的福禄之星，最有趣的是狮子脚下所踩，是福禄寿三字的组合。月梁光滑圆润，斗拱轻盈细腻，梁下雀替还雕饰有戏曲人物。

藻井与天花

藻井是建筑室内顶部穹窿状的木结构装饰，天花则是水平向封闭屋顶的板状装饰。藻井在汉代就已出现，彼时于建筑顶部设置井状结构，并绘制水藻等水生植物，用来压镇邪祟，避免火灾侵袭，故得名藻井。至后期则转变为具有神圣的象征意义，仅用于宗教或皇家建筑中。图示故宫御花园万春亭藻井为明代所建，内为蟠龙，外为翔凤天花，十分细腻精美。

室内陈设

室内陈设是小木作的核心内容，通常成套配合使用，如图示沈阳故宫崇政殿内，中央下部为一座木雕须弥座台基，边缘围拢木雕栏杆。上立一座高大的木制罩亭，雕梁画栋，前设盘龙柱。亭内为山字形云龙金漆屏风，前为金漆御座及脚踏。凡此种种，均是内檐装修陈设的精华所在。

9. 彩画

　　传统建筑彩画多见于北方地区，可分为官式彩画与民间彩画两大类，具有装饰建筑、彰显等级、保护木材等作用。建筑之上施布色彩由来已久，先秦之际常见单色刷饰，汉代出现了各色对比穿插的做法，多以红色为主。至南北朝时期，受域外文化的影响，出现了以晕色渲染立体效果的做法，随后成为历代高等级彩画的固定做法。唐宋时期的彩画仍以红黄等暖色调为核心，但至元代，以官式彩画为代表，逐步转以青绿色为主流，并一直沿用至明清。由于彩画不易保存，现存实物多为明清遗存，早期最完整者为永乐宫元代彩画，另有华严寺薄伽教藏殿、易县奉国寺、应县木塔内，尚有辽代风格彩画遗迹。在莫高窟宋代木窟檐、山西高平开化寺内，还可看到部分宋代风格的彩画遗迹。同时，自汉代以来的各类墓葬中保留有大量彩画实物，典型如唐乾陵陪葬墓、辽庆陵、白沙宋墓等处的彩画。

元代彩画

　　永乐宫元代彩画是目前可见最完整的早期彩画实例，其中三清殿、纯阳殿内的彩画保存较好。对比唐宋时期的相关材料，特别是宋代高等级做法可以看到，元代彩画在色彩关系、图案构成等方面均发生了很大的变化。彩画不再以红黄等暖色调为核心，而是开始大量使用青绿等冷色调，同时纹样也逐步转为细密的涡卷造型。

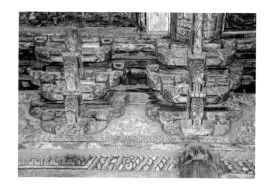

明代彩画

　　明代官式彩画继承了元代彩画的核心特征并加以规范化，形成了明清时期最主流的、名为旋子彩画的样式。彩画的基本图案单元称为旋花，核心为一朵西番莲，外围环绕涡卷状花瓣。图案单元可单独出现，亦可分割为半个旋花。图示为北京东岳庙琉璃牌楼之上的彩画，就由一整二破旋花组成，是明清时期的典型做法，同时也可见明代琉璃制作技艺之高超。

清代和玺彩画

和玺彩画出现于清初，是在明代旋子彩画的基础上衍生而来的新型彩画，是清代官式彩画最高等级的样式，仅用于最重要的宫殿之上。和玺彩画中大量使用了象征皇权的龙凤纹样，构图严谨，色彩绚丽，同时还普遍使用沥粉贴金工艺，十分富丽堂皇。图为故宫太和殿的龙纹和玺彩画，采用了特殊的两色金工艺，通过使用不同含金量的金箔，使色彩更加丰富绚丽。

清代苏式彩画

苏式彩画与和玺彩画类似，也是清代独创的全新类型，一般用于园林、住宅等场所。彩画以形式自由、内容丰富、色彩艳丽、富于装饰性为特点，不追求过多的用金量，也不具有明显的等级意味，喜好绘制人物、花鸟、风景、博古器物等图像。顾名思义，彩画应源于江南地区，但现今所见苏式彩画遗存与江南民间彩画相去甚远，已发展为一类独特的官式彩画。

清代旋子彩画

清代旋子彩画继承了明代同类彩画的基本特征，但更加规范化、程式化。旋子彩画的等级仅次于和玺彩画，主要用于各类次要殿宇、庙宇、衙署等。与明代相比，清代旋子彩画的旋花部分明显简化，不再绘制复杂的西番莲及花瓣纹样，改为较简单的涡卷弧线。但用金量普遍加大，装饰纹样也更加复杂，体现了清代官式彩画突出的装饰性。

10. 脊饰

脊部装饰是中国象征主义文化传统的突出表现。先秦时期的屋脊较为朴素，至两汉时期，正脊两端出现了类似花瓣萼片的饰物。南北朝时期则转为类似鱼尾的造型，称为鸱尾，如朔州九原岗壁画等所见。鸱尾的出现与藻井类似，意在以鱼尾象征海水与降雨，用来防止火灾。至盛唐之后，龙神信仰日渐流行，鸱尾之上开始出现龙首造型，由此也改称鸱吻，同样寓意降水防灾。辽宋时期大体保持了中唐以来的造型，金元时期鱼尾形象变得日渐淡淡，更加趋近了龙身造型，至明清时期则彻底转为龙形。此外，正脊中央早期常安置朱雀等形象，如云冈石窟内所见，后期则改为宝瓶等造型。戗脊端部早期以鬼面瓦装饰，如九原岗壁画所绘。宋代参考《瑞鹤图》，可见安置有小兽及迦陵频伽，至明清则形成了复杂的脊兽装饰体系。

南北朝至隋唐

本时期是鸱尾的成熟期。盛唐之前的鸱尾，造型较为朴素，均为陶制，表面素平，仅外缘塑造为翻卷向上的鱼尾造型。图示为唐太宗昭陵献殿遗址出土的鸱尾，高达 1.5 米，是目前所见最大的早期鸱尾实物。至盛唐之后，鸱尾日趋华丽，玄宗泰陵出土鸱尾的下部已出现了龙首造型，被认为是后期鸱吻的起始。

辽宋西夏时期

本时期鸱尾已转化为鸱吻，造型更加复杂，还出现了琉璃制品。鸱吻一般于尾部外沿保持鱼尾造型，主体密布鳞片，下部龙头形象突出。龙首鱼尾的并存显示了信仰的混合与过渡特征。如图示蓟县独乐寺山门正脊鸱吻，呈现了明显的龙首鱼尾特征。此外，宋徽宗《瑞鹤图》之上所绘鸱吻亦有类似特征。

金元时期

本时期高等级鸱吻均为琉璃制品，愈发华丽。造型上龙首更加突出，鱼尾则日益模糊，如华严寺大雄宝殿金代鸱吻还能依稀看到鱼尾形象，但龙头已明显增大，还出现了强健的身体与龙爪造型。元代鸱吻以永乐宫最为典型，如图示无极门正脊鸱吻，头部硕大，鱼尾造型已颇难分辨，后部反向还有名为背兽的小型龙首，开启了明清鸱吻的先河。

明清时期

明清时期的高等级鸱吻已完全转化为龙形，变得更加宽大方正，色彩也由青绿转为明黄色。如图示太和殿鸱吻，高近 3.5 米，是现存最大的鸱吻。鸱吻尾部已演化为卷曲的龙尾，龙尾侧面是俗称"剑把"的装饰，寓意固定龙身。下部刻意突出了龙首、龙爪的形象，后部反向也安置了背兽。龙身上部还装饰一条完整的云龙形象，称为仔龙，使整体形象更加丰富多彩。

太和殿脊兽

明清高等级建筑戗脊的末端，依等级会安置不同数量的脊兽，一般以骑鸡仙人居首，龙形戗兽收尾，中间脊兽自三尊起，取单数，最多为九尊。清代依次为龙、凤、狮子、天马、海马、狻猊、押鱼、獬豸和斗牛。太和殿作为至尊所在，其脊兽较之常规多出一尊人像，名为行什，是清代建筑的孤例。脊兽是从固定瓦件的钉帽演化而来，后期则含有了避灾、迎祥的寓意。

Chapter

2

时代
风格

1. 早期城市 与宫室

　　城市作为人类的集中居住地，一般具有统治中心与经济中心的双重身份。原始时期的城市带有明显的氏族聚落特征，各类建筑多散置城内。夏商时期的都城，规模较小，迁移频繁，史载夏代曾有十七处都城，商代则有八处以上。至周代，以《周礼·考工记》与里坊制为代表的营建制度使城市面貌发生了明显变化。宫室是统治者的治所与居所，是权力的物化象征。宫室建筑一般多居于夯土高台之上，早期以茅草覆盖屋顶，学界称之为"茅茨土阶"。至周代，随着各类瓦件的广泛使用，整体形象为之一新。秦代则大体延续了战国以来的造型与装饰做法，以始建于秦孝公时期的咸阳城宫室为代表，繁盛程度为历代所罕见。至始皇帝时，在渭水南岸又建造了以阿房宫为代表的大批宫室。

石峁遗址石刻

　　该遗址位于陕西省神木市境内，大约兴建于公元前2300年前后，废弃于公元前1800年前后。遗址中包含内、外城和"皇城台"，总面积为425万平方米，为中国已知新石器时代晚期面积最大的城址。遗址内出土了大量的城墙、房址、墓葬遗迹，还发现近两百块壁画残块。此外，墙基中出土的神秘早期石刻，也引起了广泛关注与猜测。

二里头二号宫殿遗址平面

　　河南偃师二里头遗址被认为可能是夏代都城遗址之一。遗址内的宫室建筑，以一、二号遗址最为重要，其中二号遗址非常规整，可能为祭祀建筑。遗址为封闭廊院，院内有夯土台基，上部建筑可能是以木梁柱为核心、木骨泥墙的"茅茨土阶"样式。殿宇南向为廊院正门，体现出了明显的轴线意识。

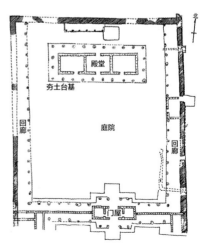

偃师商城小城北城墙遗址

商代都城与宫室遗址目前多有发现，主要有河南偃师商城、郑州商城、安阳殷墟、湖北黄陂盘龙城等。偃师商城据推测为商灭夏后的首座国都"亳"，遗址为南北向矩形，总面积19平方千米，内有小城，外为大城。宫室建筑主要有三处，分布于小城南侧。其中二号建筑群中的主殿基址长达90米，是商代早期宫殿中最大的单体建筑。

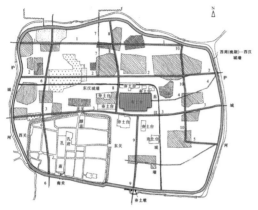

曲阜鲁国故城遗址平面

周代都城以曲阜鲁国故城保存较好。鲁城大致为矩形，城内中央略偏东北现存大型夯土台基多处，应是昔日鲁国宫室所在。城内主要道路呈十字交叉，东西与南北向各三条，最主要的一条由宫室南侧通往南墙东门，并延伸至城外祭祀建筑遗址，是已知最早使用中轴线布局的城市实例，与《周礼·考工记》所载营建制度颇为吻合。

阿房宫前殿遗址

阿房宫是秦代宫室建筑的巅峰，被后人广为传颂描绘。宫室建于始皇时期，毁于秦亡，持续时间很短，主体建筑应尚未完成。其设计规模非常宏大，《三辅旧事》载："东西三里，南北九里，庭中可受万人。"现存前殿夯土台基东西长1200米，南北长450米，残高仍有7米~8米，充分反映了高台建筑在鼎盛时期的风貌。

2. 大风一曲振山河
——长安与洛阳

　　汉代绵延四百余年，城市与宫室营建取得了辉煌成就。长安是西汉国都，刘邦定都关中后，由于咸阳残破，遂将秦代离宫兴乐宫予以扩建，改名长乐宫，随后新建了未央宫。至惠帝时开始修建长安城垣，武帝时又增修了明光宫、桂宫、建章宫等宫室。汉长安城对城市空间的使用与后世差异很大，城内主要面积均被宫室占据，反映出早期城市突出的统治中心特色。东汉初年，因长安已残破不堪，刘秀遂定都洛阳，城址位于今洛水以北的邙山脚下，城内建筑同样以宫室为主，分为南北二宫。汉长安宫室中以未央宫为政务处理的核心场所，始建于高祖七年（公元前200年），至武帝时才基本完成。未央宫宫垣四向各开一门，但以北向为正门，与南向为尊的传统大相径庭。洛阳宫室以南北宫为主，秦代时已初具规模。南宫于光武帝时期增修，北宫于明帝时期兴建。

汉长安城平面

　　长安城是先建宫室，后作城垣，逐步修造完成，所以城垣修造受制于地形与旧有建筑，最终形成一个不规则矩形，尤其是南北两面的城垣最为曲折。《三辅黄图》依据天人感应说，将南北城垣附会为南斗星与北斗星，汉长安由此得名"斗城"。城市面积约35.4平方千米，城垣均为夯土结构，设计明显受到了《考工记》相关制度的影响。

安陵陵邑瓦当

　　汉代长安城外的皇家陵区内设有七座卫星城——陵邑，居民大都是从各地强制迁移而来的豪强富户。陵邑内人口繁盛、经济发达，如汉武帝茂陵陵邑人口达六万户，二十七万人，几乎可与长安城匹敌。据统计，长安城和诸陵邑组成的城市群总人口应在百万以上，是当时世界范围内首屈一指的大型都市。

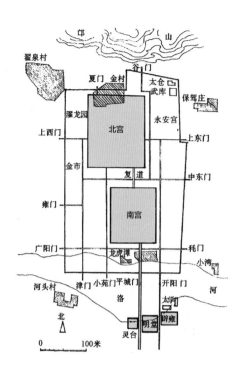

东汉洛阳城平面

东汉洛阳城为南北向矩形，总面积约 9.6 平方千米，共设城门十二座，同样显示了《考工记》的影响。城内建筑与长安类似，以宫室为主，分为南北二宫，南宫外为主干道，直通城南祭祀建筑群。居民管理以里坊制为核心，少量人口分居城内，大多位于城外。城内设有三座市场，分别为金市、牛市、羊市。街道设有二十四街，一般宽度为 20 米～40 米。

未央宫遗址

未央宫内殿宇众多，装饰华丽，最核心的是前殿，现存台基遗址南北长 350 米，东西宽 200 米，最高处约 15 米，气势极其宏伟。宫内设有各类殿宇供四时择用，如越冬之温室殿、避暑之清凉殿，还有以气味芬芳的香料和泥涂于壁上的做法，如已发现遗址的椒房殿。此外，宫内尚有大量服务性设施，如蚕室、织室乃至储存冰块的凌室等。

北海仙人承露盘

武帝时期是长安城宫室营造的又一次高潮，明光宫、建章宫均兴建于此时。建章宫位于长安城西垣外，与未央宫通过跨越城垣的阁道相连。宫殿群周长二十余里，内部划分为若干区域，建筑极多，有"千门万户"之称。宫内最著名的是仙人承露盘，因武帝迷信方士之说，以露水调和玉屑服用以求长生，故建此盘用以收集露水，后世历代帝王屡有效仿。

3. 祭祀制度 与坛庙建筑

　　祭祀是指人们与自然神或祖先进行沟通的活动与仪式，与之相应的建筑就称为坛或庙。原始时期的祭祀建筑以红山文化最为典型，良渚文化也有所发现。夏商时期祭祀建筑以二里头宫殿遗址、殷墟妇好墓墓上建筑为代表，此外，三星堆古蜀文化遗址也极具特色。周代的祭祀活动非常频繁，《礼记》对于祭祀规格、内容均有详细规定。秦汉之际，自然神主要祭祀白、青、黄、赤、黑五帝。到汉成帝、元帝时期，废除了五帝分祭，改为在城外南郊祭天，北郊祭地，随后由权臣王莽进一步推出了天地合祭之礼，并为东汉政权所继承。汉代祖先祭祀早期采用陵侧建庙祭祀的模式，仍有上古遗风，至新莽时期改为在长安南郊集中祭祀。东汉建立后，立宗庙于洛阳。明帝之后改为在宗庙建筑内分室祭祀，此种"同堂异室"祭祀格局遂被后世沿用千年之久。

红山文化女神头像

　　红山文化区域的辽宁牛河梁女神庙是一座深一米左右的半地下式建筑，南北长 18.4 米，东西宽 6.9 米。遗址内部出土了多件女神塑像残片，包括头、肩、臂等，是目前唯一有偶像出土的新石器时代祭祀建筑。出土女神头部有绿松石镶嵌的眼珠，酷似活人，栩栩如生，表明此时造型艺术已达到相当高的水平。

西周祭祀建筑复原

　　遗址位于陕西岐山凤雏村，为两进式院落，左右对称，中轴突出，是我国已知最早、最完整的四合院实例。墙体为夯土墙内置木柱构造，鉴于发现瓦件较少，学者推测屋顶采用了从茅草覆盖演进而来的沙灰抹面做法。由于遗址内发现卜骨窖藏一处，同时考虑到房屋空间划分并不适合居住，所以学界多将此遗址认定为祭祀建筑。

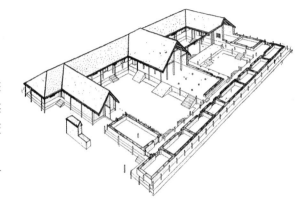

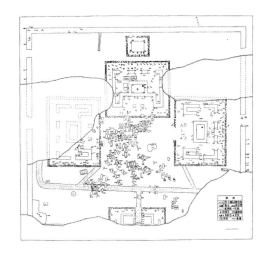

秦代祭祀建筑遗址

陕西凤翔雍城是秦国早期国都，现已发现多处祭祀建筑，均具有中轴突出、左右对称的递进格局，显示此时祭祀建筑的空间处理手法已相当固定而成熟。马家庄一号遗址为矩形廊院，外有墙垣环绕，建筑依南北轴线对称布置。南侧为正门，院内有品字形排列的三座宗庙建筑，中庭内还发现大量的祭祀坑。

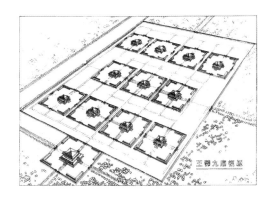

长安南郊祭祀建筑群复原

新莽时期的长安南郊祭祀建筑群规模庞大，其中十一座建筑均由中轴对称的围墙和方形夯土高台建筑构成，外侧再围以墙垣。墙垣南侧中央另有一座类似的建筑，但建筑体量增大约一倍。一般认为这十二座建筑中九座对应周礼中的帝王九庙之制，其余三座，一座为王莽自用之庙，两座留给后世明君使用，现今统称为"王莽九庙"。

明堂辟雍复原

王莽九庙东侧现存一处建筑遗址，最外沿为环形水道，直径 360 米。水道内为正方形庭院，中心位置有一座夯土高台，上部是一座二层建筑。通观此建筑群，可以发现其造型反复使用了圆与方的元素，与中国古代"天圆地方"的宇宙观颇为吻合。一般认为该遗址就是西汉时期的明堂辟雍，是当时最重要的天地祭祀建筑。

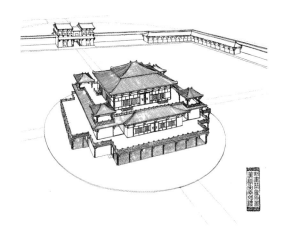

4. 先秦时期的墓葬

　　墓葬的出现，与灵魂观念密切相关，而社会分化则直接导致了不同样式、规格墓葬的出现，并由此形成了复杂的丧葬制度。仰韶与龙山文化时期，伴随着等级分化的加剧，开始出现陪葬品丰富且有人殉的墓葬。夏商时期的高等级墓葬，普遍为土圹木椁墓，并伴有大量的人殉及精美的陪葬品。以安阳殷墟系列大墓为代表，通常以墓道数量来表示墓葬等级高低，四条为最高，一条为最低，此种做法一直沿用到两汉时期。周代高等级墓葬多延续夏商时期的土圹木椁模式，一般依血缘关系形成家族墓地，大量安置人殉与陪葬品的做法依旧流行。早期墓葬上方或有祭祀建筑，但无封土。西周末期至春秋时期，开始流行在墓上堆积封土的做法，至战国时成为定制。此时尚有在封土正上方建祭祀用享堂并建设大规模陵园的做法，典型如河北中山王陵。

仰韶文化的贝壳龙虎墓

　　墓葬位于河南濮阳西水坡遗址，属于仰韶文化早期，为竖穴土圹墓，墓主为一壮年男子，身侧殉葬三名少年男女。最为奇特的是墓主身体两侧用贝壳精心堆塑出龙虎形象，为仰韶文化中首见，具体含义还有待进一步研究。

殷墟商代大墓

　　安阳殷墟自 20 世纪 30 年代以来，已发现大批高等级墓葬，一般为亚字形构造，四向设四条墓道，以南侧为主。墓圹内为二层台阶造型，底部有使用人殉的"奠基坑"多处。墓圹内以厚木板累积砌筑成椁室，内置棺椁与随葬品。墓葬虽经多次盗掘，但仍发现大量生活器物、礼器及车马具残迹，此外还发现了上百人的殉葬痕迹。

秦公一号大墓

中国迄今为止发掘的最大早期古墓，位于陕西省凤翔县。该墓有一百八十六具殉人，是西周以来发现殉人最多的墓葬。椁室的"黄肠题凑"做法，是迄今发现的周、秦时代最高等级的葬具。墓中出土的石磬是中国发现最早刻有铭文的石磬，依据其上文字推断，墓主人为春秋时期的秦景公。

中山王陵享堂复原

王陵位于河北省平山县，墓葬为土圹木椁，有南北两条墓道。墓室上方有约百米见方、高约15米、三级台阶状的封土。根据现场遗留的大量建筑构件推测，此处原为享堂，是一座外廊环绕、上覆瓦顶的三层高台建筑。同时据墓内出土的"兆域图"记载，除王陵外，在其两侧还有王后及夫人的陪葬墓，同样建有享堂，最终集合为一个整体性陵园。

曾侯乙青铜尊盘

出土于湖北省随县曾侯乙墓。该墓出土了大批精美文物，有许多是工艺精湛、前所未见的珍品，其中有八件被定为国宝。曾侯乙编钟是迄今同类出土乐器中规模最大、保存最完好的实例，而曾侯乙青铜尊盘则堪称中国古代青铜器的巅峰之作，失蜡法铸造的器身繁密精美，令人叹为观止。

5. 涵天彻地
——秦汉帝王陵与贵族墓

秦国早期陵区位于陕西省凤翔县，陵上不置封土，墓葬均为东西向，体现了秦人尚西的习俗。孝公迁都咸阳后，墓葬形制与东方各诸侯国逐渐趋同。至始皇帝继位，正值国力鼎盛，在今临潼地区营建了规模空前的陵寝，开创了一系列全新的制度。两汉皇陵中西汉陵寝保存较好，九座位于汉长安城西北侧的渭水北岸，两座位于城东南隅。形制在继承始皇陵的基础上进一步规范化，除高祖与吕后合葬的长陵外，其余均为帝后分葬，后陵规制略低，多居于帝陵东侧。陵园呈正方形，四向开门，中心位置为覆斗形封土，祭祀设施多置于陵区墙垣外东南方。秦至西汉的高等级墓葬仍多以土圹木椁墓为主，另有少量凿山为陵的崖墓。至东汉时期，涌现出大量采用砖石拱券结构的墓葬，最终成为后期墓葬的主流形式。

始皇陵

始皇陵园为南北向矩形，内外两道陵墙环绕。陵区正门位于东侧，封土位于陵园内垣南侧。始皇陵开辟了我国帝王陵制的全新阶段，一方面集早期陵制特征于一身，同时覆斗形封土、中轴十字对称陵区、墓室内部模拟天文地理等手法，均对后世影响深远。此外周边庞大的陪葬系统也令人叹为观止。

杜陵

西汉皇陵的形制直接继承自始皇陵,但帝后分区埋葬的模式则属于新创。典型如宣帝的杜陵,帝陵陵园为边长430米的正方形,中央的覆斗形封土残高29米。后陵位于帝陵东南方,陵园为边长330米的正方形,封土残高24米。陵园内的祭祀建筑主要集中于帝陵的东南角。

高颐墓阙

汉代的墓葬建筑体系已十分完备,地面之上一般会设置墓阙、神道柱、石像生、祭堂等纪念与仪式性设施。为标志墓园范围、体现墓主人等级,多会设置石质墓阙,石阙造型仿自当时的土木混合门阙,是现今重要的建筑造型研究资料。位于雅安市的高颐墓阙建于东汉晚期,是其中的佼佼者。

窦绾墓

崖墓多见于西汉早期,满城汉墓是中山靖王刘胜、窦绾夫妻的合葬墓,但王、后均有独立墓室,保持了帝后分区埋葬的规制。两墓凿山而成,开凿量均在3000立方米左右,规模极其宏大。墓内竭力再现了主人生前的生活环境,随葬品丰富,尤其是保存完整的金缕玉衣最为珍贵,是我国已发现有明确纪年的最早实例。

马王堆一号墓椁室

汉代中低等级贵族墓多在土圹内以木板累叠,形成椁室,如长沙马王堆一号墓,就安置了一个椁室与四个边箱,椁室内置套棺四层,边箱用于放置随葬品,用来模拟墓主人生前的起居环境。椁室之上填埋密封、防腐效果俱佳的木炭与白膏泥,其上置封土。由于这一系列出色的防护措施,才有了辛追夫人遗体千年不腐的奇迹。

6. 居住建筑
与皇家园林

　　住宅是最早出现的建筑类型，也最具时代与地域特征。帝王与贵族住宅一般归属宫室范畴，普通臣庶住宅则可称为民居。先秦时期的民居依地域不同，大致可分为北方土木混合体系与南方纯木构体系。秦汉时期的住宅无论结构、空间处理还是细部装饰，均已相当成熟，多为围合院落，形式较为自由。园林是供人游憩的场所，早期多具有生产、狩猎功能，面积广大，具有离宫特征。后期则逐步分化为皇家园林与私家园林。皇家园林在周代就已出现，至汉代得到了极大发展。长安上林苑原为秦代旧苑，武帝时大加修建，盛极一时。苑内林木繁盛，河池纵横，其中的昆明池面积广大，两岸刻制牛郎、织女，以象征天河。这种以实物模拟天象或仙界的尝试，在日后逐步成为皇家园林的惯例。

半坡土木混合建筑复原

　　土木混合建筑源于黄河流域，由于深厚的黄土堆积，先民们很早就掘坑建房，上搭屋顶以蔽风雨。至新石器时代，以仰韶文化的半坡遗址为代表，已出现了木骨泥墙结构的居住建筑。《易经》系辞："上古穴居而野处，后世圣人易之以宫室，上栋下宇，以待风雨"，指的就是此类建筑。

河姆渡井亭复原

　　南方密林水网地带的先民开创了纯木结构体系，以浙江余姚河姆渡文化的干阑式建筑最为典型。距今五千年前的人们已能熟练运用榫卯技术，为后世木结构建筑的发展奠定了基础。《韩非子·五蠹》："上古之世，人民少而禽兽众，人民不胜禽兽虫蛇，有圣人作，构木为巢，以避群害"，指的就是此类建筑。

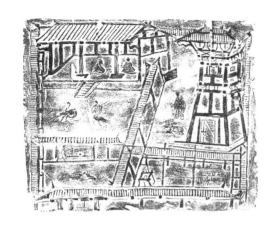

汉代庭院

　　秦汉时期中小规模的民居多分为主院与跨院，普遍两进以上，自外而内主要有门屋、厅堂、廊庑等。厅堂多为三开间四阿顶形式，置于台基之上，有的院内还设置高大塔楼，图示为四川成都出土汉代画像砖。大型居住建筑常于门侧安置双阙，用来彰显地位。内部则广辟庭院，屋宇重楼，回廊环绕，装饰华丽，有的还附有大型园林。

汉代多层陶楼

　　汉代以坞壁为代表的居住建筑普遍具有较强的防御特征，坞壁门屋多为一间或三间，屋顶多用悬山形式，上方常建有楼屋，意在加强防御。楼屋屋顶多为四阿顶，部分屋脊两端已有类似后世鸱尾的装饰物出现。塔楼是坞壁内的制高点，平面一般为方形，高三至六层。

上林苑牛郎织女雕像

　　上林苑昆明池内的牛郎像身高2.15米，五官清晰，身着交襟式衣服，腰间系带。织女像为踞坐状，身高约2.3米，眉头微蹙，结垂髻于颈后，身着右衽交襟长衣，双手环抱于胸前。二者均为花岗岩圆雕，刀法粗犷，朴实浑厚，是我国迄今所知时代最早的大型石雕，在中国艺术史上占有重要的地位。

7. 金声玉振：造型与装饰

　　原始时期建筑的造型较为简单，多用圆锥顶或坡屋顶，装饰以简单的白灰涂抹为主，在个别遗址中曾发现在白灰表面绘制几何纹样的实例。商周时期的建筑多为单层，屋顶常见四阿顶、攒尖顶等形式。屋顶构造早期以草、瓦结合为主，中后期均为满铺陶瓦的做法。参考同期器物雕刻与漆饰技艺，可知此时建筑色彩可能以黑红两色为主，纹样有回纹、涡卷纹、云雷纹、饕餮纹等。汉代建筑的形象变化较大，斗拱日益突出，多层楼阁大量涌现，脊部装饰也逐步成熟。建筑色彩方面，木结构多用红色装饰，地面多以黑、红、青诸色涂刷，墙壁多用白色与青色，亦有绘制壁画的记录。此外，还有很多以织物，乃至玉器装饰梁柱屋架的记载。

商代建筑造型

　　夏商时期高等级建筑的屋顶样式主要为两坡与四阿顶，虽实物无存，但具体形象可参考同期青铜器，如殷墟妇好墓出土的偶方彝。上部为四阿顶，脊部有类似楼阁的造型，檐下有并列的梁头状装饰物，生动地体现了殷商时期的建筑造型特征。

周代纹饰复原

　　现存早期建筑装饰实例很少，据推测，色调可能以黑红两色为主，如殷墟遗址中就发现白色墙皮之上存在红色纹样与黑色斑点的图案组合。周代继承了商代的做法，一般在墙面涂刷彩绘，木结构上则用漆饰。图为曾侯乙墓出土编钟架的漆饰复原，可作为彼时建筑装饰色彩与纹样的参考。

秦代金釭

金釭盛行于春秋战国时期，一般为一字形或曲尺形，截面为矩形，内部中空。先秦时期由于木结构技术尚不完善，各类构件的交接点就使用金釭进行加固与装饰。早期金釭可能为素面，但后期装饰性日益增强，除表面密布纹饰之外，还巧妙地将边缘制成锯齿状，一方面保持了力学功能，同时也大大增强了装饰性。

秦代建筑壁画

秦代建筑装饰大体与战国时期类同，史籍记载当时流行黑色，以咸阳宫遗址内发现的壁画残片为例，的确以黑色为主，其余尚有黄、赭、朱、青、绿等色。内容上既有几何装饰图案，也有描绘马车出行、自然风光的写实壁画，可见秦代宫室的装饰内容与色彩均已颇为丰富。

汉代建筑造型特征

汉代建筑的整体形象伴随着木结构技术的发展，产生了较大变化，最典型的莫过于斗拱形象的日益突出和多层楼阁的出现。此外脊部的装饰也逐步成熟，置于正脊两端的饰物，其形象已与后世的鸱尾颇为接近。同时正脊中部常放置几何形或禽鸟状物体作为装饰，这是后世所不多见的。

8. 衣冠南渡
——从洛阳到建康

　　三国、魏晋、南北朝时期，是中国城市与宫室发展的转折期。以曹魏邺城为起始，废除了两汉时期城内多宫并置的格局，开创了以单座宫城作为城市中心，宫门南向正对城市主干道的布局模式，有效突出了城市中轴线，使其更加严整、壮观。随后的魏晋洛阳、北魏洛阳均延续了邺城模式，但更加规整宏大，进一步体现了《考工记》城市营建制度的影响。与严整的北方都市不同，南方的建康由于区域内丘陵众多、水网密布，所以城市建设也多依地形而为，形成了内部严整、外围自由、面积广大、人口众多、经济发达的特征。各都市的城内居住区均继承了汉代以来的里坊制，做棋盘式分割，布局严整，分区明确，交通便利。同期的宫室建筑在继承汉代发展成就的基础上，进一步规整化，纵深序列得到持续加强，形成了以太极殿为核心的中轴对称布局模式。

铜雀台青石螭首

　　邺城是曹魏政权早期的都城，城内仅设一座宫城，位于城市中心。宫室、苑囿与贵族居住区位于城北，南向则是封闭的里坊与市肆，皇家宫室与庶民居所之间有着严格区分。宫城西侧的铜爵园是皇家苑囿，西城墙上还建有集观景、瞭望、

避险等功能于一身的三座高台建筑，史称"邺城三台"，其中曹植《铜雀台赋》所描写的铜雀台就是其中之一。

洛阳宫城遗址

　　魏晋洛阳宫城是真正意义上的"宫殿之祖"，对后期宫室发展产生了深远影响，不仅为隋唐所沿袭，更远播至东亚地区。宫城正门为阊阖门，核心的太极殿位于宫城北部中央，由东西向排列、宽约220米的三座大型建筑组成，分别为太极殿正殿、东堂、西堂。各类重要国事活动均在正殿内进行，日常朝会议政等则多在东堂进行。

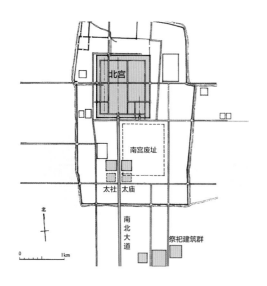

魏晋洛阳城平面

公元 220 年曹丕代汉，开始在东汉洛阳的基础上兴修国都。首先放弃了残败不堪的南宫，转而增修北宫，使之成为城市核心。宫内以太极殿为正殿，宫门南侧长达 2 千米的南北大道成为城市中轴线，大道两侧布置了衙署与太庙、太社等祭祀建筑，整体布局明显吸收了源自邺城的成功经验，并深刻影响了后世的城市营建。

南朝建康城平面

建康城的前身是孙吴都城建业，自东晋建都于此后，为南朝各政权所沿用。城市选址于秦淮河北岸的河口处，极盛时人口可达近两百万。外郭内的民居与市肆多位于秦淮河两岸，采用了开放便利的坊巷制布局，由此也成为中国城市使用坊巷制的先声。出于制度延续与安全的考虑，内城的民居与市场依旧延续了里坊制模式，较外围居民区要严整封闭许多。

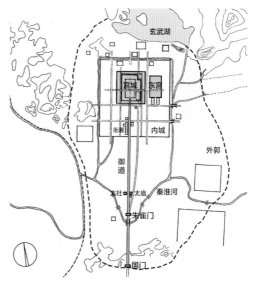

北魏洛阳城平面

公元 493 年，北魏孝文帝迁都洛阳，在保持魏晋旧城格局的同时，大力拓展外郭，形成了总面积达 53.5 平方千米的北魏洛阳城。宫城仍大体沿用汉代北宫旧址，通过修整旧城街道，形成了三横三纵的道路格局，意在效法《考工记》相关制度。本时期洛阳城人口达 60 万~70 万，创新性的布局对隋唐时期的城市建设产生了很大影响。

9. 俭奢之间
——帝王陵与贵族墓

　　三国魏晋时期的陵墓建筑大多采用自东汉以来日趋成熟的砖拱券技术，也有少数凿山为陵的做法，但普遍规制不高、装饰简单，体现了当时流行的薄葬思想。如近年发现的曹操墓仅用双室，内部也不绘制壁画。晋武帝司马炎墓的规制甚至还不如汉代高级官僚的墓葬。至南北朝时期，陵墓开始趋于奢靡，规模逐渐增大。特别是北朝陵墓多规模宏大，内部绘制华丽复杂的大面积壁画，陪葬品众多，还常见以石椁作为葬具的做法。南朝陵墓则大体继承了魏晋风尚，装饰较为简约，因地质条件所限，不宜施用壁画，由此发展出了以模印砖画为代表的墓葬装饰手法。魏晋以来陵墓的封土之前多沿用汉代做法，设双阙作为标志。至南北朝时期转为在墓前设墓表、墓碑及各类石兽。此类作品以江苏丹阳地区的南朝陵墓石刻最为精美，代表了本时期最高的艺术水准。

魏高陵陪葬石牌

　　即曹操墓，该墓坐西朝东，双室砖结构，未绘制壁画，陪葬物也颇为俭省，体现了曹操"敛以时服，无藏金玉珍宝"的薄葬思想。墓中出土大量石牌，其中八件铭刻有"魏武王"字样，为确定墓主身份提供了重要依据。墓葬当中还发现石璧三块，圭一块。圭璧合一是帝王陵寝的等级象征，特别是圭，只在皇帝墓葬中才会出现。

竹林七贤与荣启期砖画局部

　　该组砖画由两百多块青砖组成，画中竹林七贤与荣启期共八人均席地而坐，以植物分隔。众人均呈现了极富个性的姿态，表达了士大夫自由清高的理想人格。以南京西善桥南朝大墓为代表，包括丹阳帝陵内出土的多幅同类题材的砖画，体现了当时的流行风尚。从风格上看，有学者认为原稿可能为大画家顾恺之或陆探微所作。

萧顺之墓石刻

丹阳是南朝齐、梁两代帝王的主要葬地，这些陵寝之前都有神道石刻，主要有天禄、麒麟、神道柱等。石刻造型生动，气魄雄伟，是中国古代石刻艺术的珍品。萧顺之是南梁开国皇帝萧衍之父，被追尊为太祖文皇帝，墓地称建陵。现存石麒麟、天禄各一，石柱二，石碑座二，均十分精美。

九原岗壁画墓

位于山西朔州九原岗，是一座带斜坡墓道的单室砖墓。现存壁画两百余平方米，主要分布在墓道的东、西、北三壁。东西两壁壁画均有四层，第一层为仙人、畏兽、神鸟等，第二层北段描绘了狩猎场景，南段绘有幕僚和侍者。第三、四层为出行队列。北壁则绘有一座庑殿顶造型的宏伟木构建筑。专家根据墓葬规模推测，墓主人是北齐高氏的核心人物。

宋绍祖墓石椁

墓主为北魏幽州刺史宋绍祖夫妇，墓内出土了一座罕见的房形石椁，为单檐三开间悬山顶样式，前设檐廊。檐部采用了一斗三升、人字拱、斜昂等做法，外壁雕有多个铺首衔环，内部绘有奏乐人、舞蹈人等壁画。石椁生动体现了北魏太和年间木构建筑的造型与技术特征，是十分珍贵的资料。

10. 梵像入华夏
——早期佛寺与佛塔

　　佛教自东汉时期传入中原，早期影响力十分有限。但随着汉末三国时期社会日益动荡，贵族士庶普遍感受到了强烈的焦虑不安与空虚无助，由此使得崇尚自我修为、出世寂灭的佛教具备了广泛传播的基础，开始进入高速发展期。现今学界普遍以东汉明帝永平十一年（公元68年），天竺僧人营造洛阳白马寺作为中国佛教建筑的起始。《魏书·释老志》载："自洛中构白马寺，……为四方式，凡宫塔制度，犹依天竺旧状而重构之"，可见当时的佛教建筑还在模仿印度本土样式。但至东汉晚期，佛塔样式已迅速本土化，出现了楼阁式佛塔。魏晋南北朝时期，各政权多极力推崇佛教，寺院营建繁盛，如北魏末年境内佛寺达三万余所，南梁末期境内佛寺也达近三千座。此时佛塔发展出了全新的密檐样式，寺院空间布局也进一步本土化。

孔望山摩崖造像

　　现存汉魏之际的早期佛教遗迹十分稀少，江苏连云港孔望山摩崖造像属于较典型的案例。石刻约开凿于东汉晚期，面积170平方米，共一百一十幅人物及动物浮雕，包括佛祖涅槃、舍身饲虎等内容，但部分浮雕形象似与佛教无关，可能为道教造像。由此也反映了佛教最初传入时与道教有一段共处的时期，尚未形成鲜明的信仰特征。

"浮屠祠"陶楼

　　《后汉书·陶谦传》记载他的下属笮融"大起浮屠寺，上累金盘，下为重楼，又堂阁周回，可容三千许人"。这段描述说明东汉末期的佛塔已从印度的覆钵造型嬗变为上部装饰多重相轮、下部为楼阁式的建筑。以塔为中心，外部环绕围廊、堂阁，即所谓"浮屠祠"。襄阳市出土的三国时期陶楼一般认为就反映了这种早期佛塔及佛寺的样式与格局。

楼阁式佛塔画像砖

出土于四川什邡，约制作于东汉晚期至三国时期，是我国目前发现最早的佛塔形象。画面中央和左右两边共有三座佛塔，中间夹有两株莲花。左右二塔图案残缺不齐，中塔图案完整清晰，下大上小，共三层，上部为多层塔刹，下部已具有明显的多层木结构楼阁特征。

密檐式佛塔

河南登封嵩岳寺塔是我国现存唯一的南北朝时期多层佛塔，学界普遍认为创建于北魏时期，高 37 米，塔身为砖砌，共十五层，平面为正十二边形。外观采用了当时罕见的密檐塔样式，内部为空心砖筒结构，造型奇特，是我国佛塔中的孤例，直接影响了隋唐时期的佛塔营建。

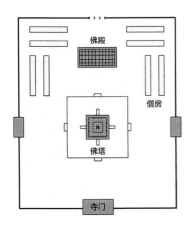

洛阳永宁寺平面复原

中国早期佛寺多承袭印度模式，以塔为中心，后期随着讲堂（法堂）和佛殿的出现，佛寺布局逐步形成了堂（殿）与塔并重的格局。北魏洛阳永宁寺是南北朝时期最宏大的佛教建筑，矩形院落内以高达一百三十余米的楼阁式土木混合佛塔居中，北侧为佛殿，形制仿北魏皇宫正殿太极殿，内部供奉了高达一丈八尺的金像。周边还有僧房楼观一千余间。

55

11. 从丝路到中原
——石窟寺的兴起

　　石窟寺源于印度，以凿岩建寺造像、礼敬修行为特征。中国早期石窟寺以新疆丝路沿线最为典型，多开凿于3世纪左右，如克孜尔石窟、库木吐拉石窟、吐峪沟石窟等，集中体现了印度与中亚佛教文化的影响。伴随佛教的传播，以敦煌莫高窟、麦积山石窟为代表的河西走廊石窟则呈现了多元化的面貌，不同文化于此交融，形成了极其丰富的艺术风格。至公元5世纪左右，开窟造像风气逐步传入中原地区，由于迎合了统治阶层祈福迎祥的需求，遂兴盛一时，艺术风格也趋于本土化，造就了云冈、龙门、天龙山、响堂山等一系列规模宏大的建筑群，特别是云冈与龙门两处石窟，在北魏皇室的支持下，尤为繁盛。相对于北方开窟造像风气的盛行，南方僧众多重视个人清修，较少聚众参佛，所以南朝虽然佛寺营造兴盛，但石窟却很少出现。

克孜尔石窟 77 窟壁画

　　石窟位于新疆拜城县克孜尔镇郊外，约建于公元3世纪，止于公元8至9世纪，是中国开凿最早的大型石窟群，现已发现两百余窟。壁画题材主要是与释迦牟尼有关的事迹，包括本生故事、因缘故事和佛传故事等。77窟是早期石窟之一，壁画具有浓郁的犍陀罗风格，本幅壁画表现了佛陀说法的场景。

莫高窟 275 窟

　　莫高窟位于甘肃省敦煌市，始建于十六国时期，至元代乃止。现有洞窟七百余个、壁画4.5万平方米、泥质彩塑两千四百余尊，是世界现存规模最大、内容最丰富的佛教石窟。现存最早的石窟开凿于北凉或北魏时期，如275窟内塑交脚弥勒造像，服饰明显受到贵霜王朝风格的影响，顶部采用了仿木结构坡屋顶造型。

麦积山石窟

石窟开凿于甘肃天水市郊外的山体峭壁之上，因山体形似麦垛而得名，现存一百九十八窟，大都开凿于十六国至北朝时期。石窟以大型仿木结构佛殿窟和大像窟最具代表性，如开凿于北周时期的第4窟，就表现了一座七开间庑殿顶建筑。该窟下部的第13窟开凿于隋代，刻画了以阿弥陀佛为核心的西方三圣形象。

云冈石窟

石窟位于山西省大同市郊，主要完成于北魏时期，个别洞窟完成于隋唐时期，明显受到"犍陀罗"和"秣菟罗"风格的影响。现存主要洞窟四十五个，造像五万余尊。包括了塔柱窟、大像窟、佛殿窟等诸多类型，以政治色彩浓郁的昙曜五窟最为宏大壮美，其中的第20窟露天大佛已成为云冈石窟的象征，图片中央即为此五窟。

远眺龙门石窟

石窟位于河南省洛阳市，开凿于北魏至北宋时期，艺术风格趋于本土化和世俗化，堪称展现中国石窟艺术变革的里程碑。石窟密布于伊水东西两山的峭壁上，现存洞窟像龛两千三百余个，造像十一万余尊。北朝时期的洞窟主要集中于西山，最著名的包括古阳洞、宾阳洞、莲花洞、药方洞等。东山则主要为以卢舍那大佛为核心的唐代洞窟。

12. 声色与文气
——宅与园

　　本时期的住宅继承了汉代以来的院落式格局，根据时代与主人身份不同，规模及样式会有很大差异。大型住宅往往高墙深垒，防卫森严，内部房屋众多，装饰华丽。同时伴随高足家具的引入，室内陈设和起居习惯都在逐步改变。园林建筑则延续了皇家苑囿与私家宅园两条发展路线。洛阳城内的华林园是最重要的内苑，仍秉持了汉代风尚，重视游赏、求仙和园囿等功能。随后南北朝各政权的宫苑也以其为摹本，内苑均称为华林园。私家园林作为文人士大夫园林的先声，在本时期有了全新发展。此时的私园多以宅园为主，在玄学盛行、崇尚自然的社会风尚影响下，开始转为再现山水风光，借以静观自得，排遣寄兴。此时的私园往往重景致而轻声色，尤以文化气氛相对浓郁的南朝地区表现得更加明显。

北魏坞壁式住宅

　　三国至南北朝时期战乱频仍，城市内的大型宅邸普遍具有强烈的防卫特征，外部常筑有围墙，墙体上遍布垛口与墩台，大门两侧设楼阁与门阙，内部多蓄甲兵。这些住宅面积广大，院落众多，高等级殿宇还喜爱用柏木营建，取其芬芳不朽。墙壁外部多用土墙，室内多用木板壁。图为北魏时期的莫高窟257窟壁画。

《女史箴图》局部

　　图卷现存大英博物馆，是已知最早的国画长卷，传为东晋顾恺之所绘，但今本普遍认为乃唐代摹本。此画根据西晋诗人张华所作《女史箴》一文绘制，用于告诫后宫中的女性尊崇妇德。本幅画面生动描绘了南北朝时期的室内起居场景，可见男女二人闲倚围屏，对坐于卧榻之上，上部幔帐笼罩，与唐宋之后流行的高足家具居室风格迥异。

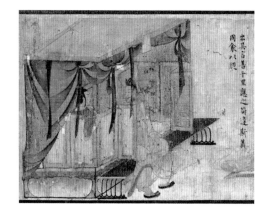

《金谷园图》

本时期贵族豪强多喜好在城郊建构以山水自然为特色的庄园，称为别业。西晋富豪石崇所建金谷园、刘宋谢灵运的始宁别业均是典型。这类庄园大多依山傍水，面积广大。内置亭台楼阁、果园药圃、鱼池田庄，兼有生产生活、游赏居住功能。清代画家华嵒所绘《金谷园图》，表现了石崇在园内坐听侍妾绿珠吹箫的故事。

彩绘人物故事漆屏局部

围屏出土于大同市北魏司马金龙墓内，以木板制成，双面遍髹朱漆，人物轮廓用黑色描绘，脸和手涂铅白，服饰器具以各色渲染，并以黄色为底，墨书榜题和题记。描绘故事多出自《列女传》，墨书风格彰显了东晋以来士人的书法意趣，画中人物仪态也与顾恺之的作品颇有相似之处，是罕见的实用家具，也是极其珍贵的书画瑰宝。

北魏孝子棺图局部

孝子故事是本时期流行的绘画题材，常见于各类葬具之上。石棺现存美国纳尔逊博物馆，两侧各刻绘三则孝子故事，人物之间穿插以山石树木、居室亭台、流水云气等，生动体现了本时期造园手法的长足进展。通过叠山凿池、移竹植木等手法，已可营造出类似真实的自然景观，同时各类建筑穿插其间，成为园林景观的重要组成部分。

13. 胡风与汉俗：造型与装饰

　　历经岁月荡涤，目前中国境内南北朝时期的木构建筑已无迹可寻，但参考源自南朝的日本飞鸟时代木构建筑，如法隆寺经堂、五重塔等，以及国内现存同时期文物，仍可大体还原南北朝时期建筑的造型与技术特征。本时期是木构建筑的转型期，北方仍流行着土木混合结构，南方则以纯木结构为主，木构设计中的模数化制度已趋于成熟。斗拱与梁枋也形成了较为妥善的结合模式。高等级建筑仍以庑殿顶为主，歇山顶正在逐步走向成熟。建筑外部装饰较为简约，以陶瓦覆顶、单色刷饰为主，继承了汉魏以来的传统。室内装饰则渐趋富丽堂皇，通过同期壁画可以看到，已出现了非常丰富的装饰题材与手法。同时伴随外域文化，特别是佛教文化的不断涌入，装饰中出现了大量新颖的题材与元素，其源头往往可追溯至古希腊时期。

北齐高等级木构建筑

　　九原岗壁画墓所绘建筑是迄今所见最清晰明确的北朝高等级木构建筑形象。建筑为庑殿顶五开间，各柱头之上斗拱出两跳，补间用人字拱，当心间和梢间共开三门，上安门钉与铺首，殿宇两侧为覆瓦顶木构连廊。建筑风格朴素，以灰瓦覆顶，正脊两端为鸱尾，戗脊端头用鬼面瓦。木结构遍饰土朱色，局部施以白色，与隋唐时期的装饰手法有着明显的传承关系。

早期歇山式屋顶

　　本阶段是木构建筑造型的转折期，以歇山顶的转化最具代表。北周时期的莫高窟296窟壁画所绘歇山顶可见屋面明显分为两段，体现了早期歇山顶的技术特征。此类做法的实物在中国境内已无存，但于体现飞鸟时期的日本大阪、玉虫厨子等实物之上还可看到同类做法。

古希腊山墙饰物造型

　　北齐永昌公主墓志盖为典型汉地墓志造型，但中央手柄由两个源自古希腊的山墙饰物造型拼合而成。山墙饰物多用于神庙山墙顶部，由棕榈叶与涡卷造型组成。墓志所见造型与古希腊神庙同类装饰十分接近，生动显示了当时中西文化交流的深入程度。此类源自古希腊的装饰元素在北朝颇为常见，云冈石窟中的爱奥尼柱头亦是一例。

北朝石雕柱础

　　出土于司马金龙墓，具有典型的北朝风格。柱础分为上下两层，上层为覆钵状，中央雕刻精美的双层覆莲，周围环绕首尾衔接、奔腾于山峦之间的龙虎造型，颇具两汉遗风。下层为方形，四面雕饰西域传入的忍冬纹及伎乐形象，上部四角安置了四座精美的伎乐雕像，十分华丽精美。

北朝建筑天顶装饰

　　本时期的室内装饰日趋华丽，西魏时期的莫高窟288窟天顶尤为典型。该窟为塔柱窟，前后双室格局，前室采用两坡屋顶，脊部为团花连珠纹，椽子刷土朱色，其间绘制花鸟、异兽、飞天等。后室为平棊顶，各方平棊内做二到三重的四方图案叠套，四角绘飞天形象，中心绘团花。平棊枋遍布锦纹，色彩艳丽，图案复杂，十分富丽堂皇。

14. 天可汗之都
——长安与洛阳

　　隋唐时期是中国城市发展的一次高峰,以长安与洛阳为代表,城市营建在附会《周礼·考工记》的同时,也充分吸收了自邺城以来,特别是北魏洛阳与南朝建康的规划经验。各级城市的规模普遍扩大,空间布局进一步规整化,成功运用了以模数制为基础的规划设计方法,通过南北向正交道路形成了宏大严整、分区明确的城市格局。本时期也是里坊制的极盛期,各城市以棋盘式的里坊为基础,吸纳了大量人口,造就了繁盛的社会经济生活。长安与洛阳作为中国古代都市营建的空前杰作,体现了封建社会极盛期非凡的综合国力,对国内边远地区与东亚各国也产生了深远影响,如日本平成京与平安京,整体布局就源自隋唐长安。同时新城的营建也充分彰显了王朝的全新气象与正统形象,体现了封建城市作为统治核心与国家意志产物的突出特征。

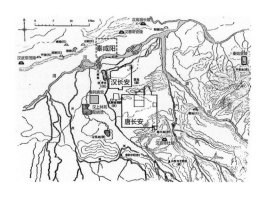

渭水流域历代都城变迁

　　开皇二年(公元582年),隋文帝决定新建都城,新城选址于汉长安城东南的终南山麓,避免了渭水冲击,环境也更加宜居。在宇文恺主持下,仅耗时十个月就完成了新城的宫城部分。文帝随后迁都,将其命名为大兴城。唐代改名长安,至高宗时期,以大明宫的完工为标志,长安城的营建才基本结束。至公元904年被朱温拆毁,这座封建时代最伟大的城市共存在了三百余年。

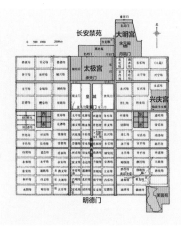

隋唐长安城

　　长安城为方形,分为外郭与内城,内城又分为皇城和宫城。外郭内总面积达84平方千米,是中国封建时代面积最大的都城,城内以朱雀大街为中轴,对称分布了百余个里坊与东西两个市肆,鼎盛时期人口曾超越百万。宫城置于城北,面积恰好是城市总面积的1/20,皇城和宫城面积接近总面积的1/9,显示出以皇城、宫城尺度为模数来进行城市规划设计的特征。

长安明德门复原

隋代营建长安城时，依据《考工记》的规制，在外郭上每侧各设三个城门（唐代时北侧增修至六座城门），形成气势恢宏的三横三纵主干道体系，其中以南向正门明德门最为宏大，采用最高等级的五条门道。明德门与宫城正门承天门之间的朱雀大街也最为开阔，宽度达到 155 米，而当今中国最宽街道——北京长安街最宽处仅约 120 米。

隋唐洛阳城

洛阳城始建于隋大业元年（公元 605 年），新建于汉魏洛阳城以西，同样以宫城尺度为模数进行规划。作为陪都，各项规制均较长安城递减，宫城也偏于城西北。城市布局模仿建康，以洛水模拟秦淮河，横穿城市。北岸多为宫室衙署与贵胄住宅，南岸为民居与市肆。城内水系发达，运输便利，由此洛阳也成为对关中平原进行物资补给的重要转运枢纽。

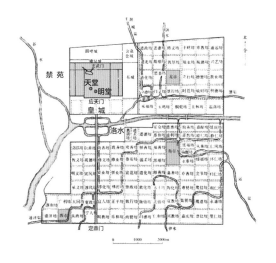

洛阳定鼎门复原

定鼎门是隋唐洛阳城的南向正门，通过考古发掘可知，大门仅设置了三条门道，对比长安城南向正门明德门的五门道设置，显示出设计者基于洛阳作为陪都的地位特征，刻意降低了定鼎门的做法等级，由此再次彰显了城市建筑作为帝王身份与国家权力象征物的特殊属性。

15. 万国衣冠拜冕旒
——两京宫室

隋唐时期的宫室建筑同样继承了魏晋以来的传统，布局进一步规整化，将南北朝时期的东西堂制转化为纵列的三大殿格局，纵深序列得到持续加强，充分彰显了皇权威仪，并直接影响了随后千余年的宫室制度。长安宫室初期以太极宫为核心，至唐高宗移居大明宫后，太极宫遂沦为闲散之地。大明宫旧址原本是贞观年间为太上皇李渊所建，到高宗时期，由于太极宫地势低下、潮湿拥挤，于是在城东北高岗之上兴建宫室，并沿用了大明宫的名称。玄宗登基后，其潜邸兴庆宫也成为重要的理政起居场所，由此形成了长安城内三宫并立的格局。洛阳宫室以太极宫为蓝本，整体布局差异不大。唐高宗曾携武后长期驻跸于此，至武周时期，以洛阳为神都，洛阳宫城也成为政权中心所在。后期虽然国都移回长安，但洛阳始终作为陪都，直至五代时毁于战火。

《陕西通志》太极宫图

太极宫位于长安城中轴线北端，自南向北依据《周礼》的规制，设置为前朝后寝的格局，朝区以承天门为正门，以太极殿建筑群为核心。寝区南侧为帝寝的两仪殿建筑群，同时也兼有政务功能。北侧为后妃寝区，以甘露殿为核心。最北侧的苑囿区内有象征东、南、西、北四海的池沼，此外尚有大批建筑分布其间，皇帝亦多于此召见朝臣。

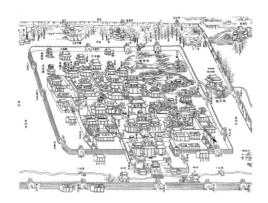

《陕西通志》大明宫图

大明宫整体布局与太极宫类似，南向正门为丹凤门，入内是长达五百余米的宫前大道，正对高居十余米台基之上的前殿含元殿。含元殿北侧是大明宫的正殿宣政殿。宣政殿建筑群以北，是大明宫的寝区，帝寝以紫宸殿为核心，与太极宫两仪殿类似。后寝以蓬莱殿为核心，最北侧则是面积广大的御苑。

大明宫丹凤门复原

丹凤门是大明宫正门,位于大明宫中轴线南侧。经考古发掘已发现其采用了最高规格的五门道设置,完全符合大明宫作为初唐之后国家政权中枢所在的身份。现今复建的丹凤门为一座遗址展示博物馆,内部保护展示了唐代丹凤门遗址实物。

洛阳应天门复原

洛阳宫室整体上模仿了长安太极宫,仅规制略逊一筹。宫城正门为应天门,经考古发掘可知其中央为三门道构造,显然与外城正门定鼎门类似,均是基于陪都地位,刻意降低等级的做法。现今复建的应天门也是一座遗址博物馆。

16. 武曌的宏愿
——明堂与天堂

　　隋唐时期的礼制建筑仍以宗庙与天地祭祀最为重要。宗庙大体沿用了东汉以来的同堂异室制度。天地祭祀建筑中，圆丘仍沿用两汉至南北朝时期的旧制，一般于城郊筑圆形土台，高三至四层，于台顶露天祭祀，现今北魏以及隋唐时期的圆丘遗址均有发现。明堂是祭祀建筑的核心，至南北朝时期，各项仪轨已基本定型，现今北魏平城明堂遗址已被发现。隋代与初唐的历代帝王曾多次提议修建明堂，但最终均不了了之。至武则天代唐自立，在登基之初就异常急迫地提出要营造明堂，借以标榜正统，消弭反对舆论。垂拱三年（公元687年）2月，洛阳宫室正殿乾元殿被拆除，在基址上新建明堂，仅十个月即告完工。武周明堂是隋唐时期唯一建成的明堂，也是当时规模最大的木结构建筑物。武则天死后，作为武周政权象征的明堂被改建为一座两层建筑，仍命名为乾元殿。

北魏祭天遗址

　　位于呼和浩特市武川县，遗址为圆形，中部有一座圆形房屋遗址，房内出土了少量祭祀用陶罐。房屋外围有内外两道放置祭品的环壕，内有马、羊骨骼等物，此处还发现了皇帝祭天时文武官员陪祭站立的平台。综合来看，该遗址是北魏时期重要的皇家祭天遗址，也是目前仅见的南北朝时期皇家祭天遗址。

长安圆丘遗址

　　圆丘始建于隋开皇十年（公元590年），位于明德门之外，至唐末沿用三百余年。现存遗址高约8米，为四层素土夯筑圆坛，表面涂白灰。底层面径约54米，各层设置十二条陛阶，按十二辰均匀分布，其中南阶比其余十一阶宽大，是皇帝登坛的专用御道。

武周明堂复原模型

武周明堂无论体量抑或意蕴，都是旷古未有之制。据《唐会要》记载，明堂高294尺、宽300尺，分为三层，下层为方形，象征四时，按方位以黑、红、青、白四色装饰。中层象征十二时辰，上部象征二十四节气，均为圆形，三层之间暗含了"天圆地方"之意。建筑外围有水渠环绕，形成环水如璧的辟雍之象，体现了明堂作为最高等级祭祀场所的天人合一特征。

武周明堂柱坑遗址

明堂采用了当时高大建筑通行的中心柱结构，以粗壮大木拼合为中柱，贯穿整个建筑。中柱周围安插各类梁柱构件，并用铁索相互联系，形成比较稳固的结构体系。目前明堂遗址已被发现，中柱的柱坑基址直径达9.8米、深达4米。武周天堂亦采用了类似的构造。

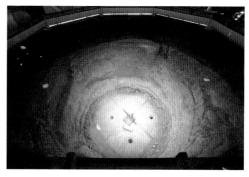

天堂遗址展示建筑

在明堂西北侧，武则天还曾修建过一座巨大的佛殿，称为天堂，内部供奉一座夹苎制作的大佛。据《资治通鉴》记载，此像十分高大，仅小指之内，就可容纳数十人。天堂现今仅存直径11米、青石垒砌的圆形柱坑基址，洛阳城遗址公园内复建的遗址展示建筑在一定程度上再现了昔日的盛况。

17. 梁山绝唱
——帝王陵与贵族墓

　　隋代至初唐的帝王陵寝多沿用旧制，平地深葬，上起陵台，如位于今咸阳地区的隋文帝泰陵。随后以唐太宗为起始，开创了依山为陵的做法，并一直沿袭至唐末。唐代帝陵地下是南北向墓道与墓室，地上为封土或山峰。陵寝外有两重墙垣，内墙环绕于封土四周或置于山峰之外，一般为方形，四边开四门，依方位分别命名为青龙、白虎、朱雀、玄武。南侧朱雀门内设有祭殿，殿后就是封土或山峰。唐陵中选址布局最为成功的当属高宗与则天后的合葬墓——乾陵，也是目前唯一未被盗掘的唐代帝陵。五代十国的帝王陵规模较小，但大都保持了前中后三墓室的格局，以体现身份等级，如南唐二陵与前蜀永陵。本时期的贵族墓大体沿用帝陵规制而递降，墓室依身份高低采用双室或单室，墓道口绘制一至三重阙楼以区分等级，典型如乾陵陪葬墓中的章怀太子墓、懿德太子墓、永泰公主墓等。

懿德太子墓剖切图

　　隋唐贵族墓的形制与帝陵类似，均是依山为陵或人工堆砌覆斗状封土。外围设有方形墙垣，南向开门，门外建双阙，前方设祭殿。墓室一般为攒尖顶砖墓室，南向接甬道与斜坡墓道。王侯与公主级别的墓葬多为前后双室，如懿德太子墓与永泰公主墓。普通官员多为单室墓。墓室及甬道内多绘制壁画，葬具则多用房形石椁。

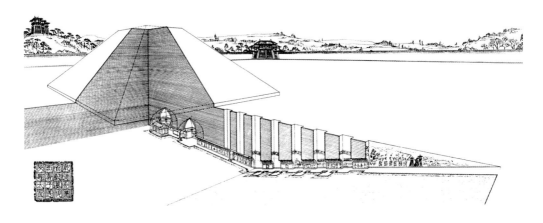

懿德太子墓阙楼壁画

本时期的墓葬内普遍施绘壁画，多用红黄等暖色。高等级者一般在墓道内绘制仪仗出行内容，墓室入口处绘制等级不同的楼阁与门阙，用来标识阴宅入口，彰显墓主的身份，图示为最高等级的三重阙楼。墓室内则依据前堂后寝的格局在四壁描绘建筑结构，但顶部图像受汉魏以来灵魂升仙观念的影响，不绘天花而是绘制日月星辰。

乾陵

乾陵是唐代陵寝利用地形最为成功的案例，借助自然山体的宏大与永恒感，成功彰显了帝王的旷世功业与永垂不朽。自陵区外围至山间祭殿之前，地势逐步抬升，自南遥望，陵区正门两侧的山丘上高阙耸立，簇拥着梁山主峰，宛若霄汉之中，极大地强化了陵园的恢宏气势，仿佛帝王威严永存。

粟特贵族石椁雕饰

隋唐时期的贵族葬具通常为石椁配合木制内棺。石椁大都模仿木结构建筑，雕饰各类生活场景与人物，意在模拟主人生前起居空间。此类石椁在章怀太子墓、懿德太子墓、永泰公主墓内均有发现。图示为山西太原南郊发现的隋代虞弘墓石椁，表现了墓主人夫妇的宴饮场景，带有浓郁的波斯祆教特色，是当时粟特贵族入华后的产物。

南唐钦陵前室

南唐政权因其自诩为李唐后裔，所以陵制刻意模仿唐陵。以李昪的钦陵为例，地上设封土，地下墓室为前、中、后三室，内部以砖砌出仿木结构，代替了唐陵以绘画表现建筑的做法，此种砖仿木结构随后也为宋金墓葬所继承。墓内用色则保持了唐代以暖色为核心的特点，多用朱白二色装饰。

18. 枝繁叶茂
——佛塔的本土化与成熟

隋唐之际的佛塔一方面延续了东汉以来的格局，同时也进一步趋于成熟，形成了以楼阁式、密檐式塔为核心，包括单层佛塔、墓塔、经幢等多种样式的完备体系，并一直沿用至晚近。在构造上，本时期的佛塔已逐步放弃了土木混合结构，改为砖木并用或纯木结构。但中国境内本时期的木塔均已无存，只能参照日本奈良时代同类建筑予以推测。砖塔尚有少量幸存，以唐塔最为多见，造型上密檐与楼阁兼用，平面布局早期多用四方形，在中唐之后较多地采用了八边形布局。本时期佛塔的外观已完全本土化，作为崇拜对象的属性也日渐消退，最终被传统楼阁建筑及其容纳的巨大造像所代替。到五代之后，塔的宗教意义愈发淡化，日渐成为一种景观乃至风水建筑。

大理崇圣寺塔

大理崇圣寺塔、西安荐福寺塔以及登封法王寺塔是唐代密檐式砖塔的典型代表，造型均为方塔，层数在十一至十六层不等，塔身纤细，塔檐采用叠涩出挑，中部檐口略向外凸出，外形轮廓柔和而富有张力。塔身装饰简朴，整体形象简洁明快。塔的底层原本设有环绕塔身的木制副阶，信徒可在塔下环绕瞻礼，但现今均已无存。

西安慈恩寺塔

唐代楼阁式砖塔多模仿木结构塔，外表饰有柱、枋、斗拱等构件，高度一般不超过七层，西安慈恩寺塔、香积寺塔是典型实例。慈恩寺塔俗称大雁塔，始建于唐高宗时期，由玄奘大师亲自设计并参与建造。现存的大雁塔为明代重修的产物，唐代旧塔被包裹在内，但外观仍大体保持了唐代风貌。

佛光寺祖师塔

　　墓塔是高僧大德的埋骨之处，现存隋唐时期的墓塔有单层与多层两种样式。多层墓塔常见于初、盛唐时期，如西安兴教寺玄奘法师墓塔、佛光寺祖师塔等。后者位于佛光寺东大殿南侧，是一座双层仿木结构砖塔，六边形的塔体造型奇特，约建于隋末唐初。由于其装饰特征颇具北朝遗风，所以也有学者认为可能是北魏时期的作品。

安阳修定寺塔

　　单层佛塔也是隋唐时期流行的样式，如山东历城神通寺四门塔，始建于隋代，方形平面，四坡攒尖顶。塔内设中心柱，显示出北朝石窟寺布局的影响。安阳修定寺塔也是典型的单层佛塔，造型类似神通寺塔，始建于唐代，外部密布印纹花砖，内容包括力士、伎乐、动物等，华丽异常。佛塔内部中空，原本放置有佛像，供信徒朝拜。

泛舟禅师塔

　　单层墓塔以河南登封会善寺净藏禅师塔和山西运城泛舟禅师塔最为典型。净藏禅师塔是现存最早的八角形佛塔。泛舟禅师塔则是国内唯一的圆形唐代佛塔，建于长庆二年（公元822年），用来安葬原为皇室成员的泛舟禅师。佛塔高约十米，塔身为砖仿木结构，外部装饰刻画细腻精巧。

19. 伽蓝浮屠之变
——佛寺的演化

　　隋唐五代是中国木构建筑的成熟期，伴随佛教的迅速发展，佛寺营建也达到了前所未有的高度。无论是空间布局还是单体形态，均已形成了一套与宗派信仰、等级制度密切关联的完整规制。但由于唐武宗与后周世宗的两次灭佛运动，佛教建筑遭受了毁灭性破坏，目前国内可见完整的唐代建筑仅三座，分别是五台山南禅寺、佛光寺及芮城广仁王庙。五代建筑亦屈指可数，以平顺天台庵、大云院、平遥镇国寺、福州华林寺等较为典型。隋唐之际的佛寺布局，早期仍以塔为中心。至唐高宗时，以长安大慈恩寺为代表，正院内已不设佛塔，转为在外侧单立塔院供奉，此种格局遂成为后世佛塔选址的标准模式。到中晚唐时期，开始流行在佛寺内营造多层楼阁，用来供奉高大造像。如大中十一年（公元857年）复建的五台山佛光寺，就在院落中轴线上安置了一座三层七间大阁，后部再设佛殿一座。

南禅寺大殿

　　我国现存最早的木结构佛殿是山西五台山南禅寺大殿，在唐建中三年（公元782年）前即已建成。虽然规模不大，仅三开间，单檐歇山顶，但内部结构保留了很多早期特征，故而有学者推测其始建年代为北朝末期或隋代。佛殿内设一曲尺形佛坛，类似做法亦多见于莫高窟晚唐窟洞。佛坛上为唐塑造像一铺，虽经历代重妆，仍大体保存了唐代风韵。

敦煌壁画中的佛光寺

　　早期的佛光寺毁于武宗灭法，随后于大中十一年复建，采用坐东面西的围廊式合院格局，中轴线上安置一座三层七间大阁，后部再设佛殿一座，体现了中唐以来流行营建高大佛阁的风尚。现今寺内仅后部佛殿得以幸存，是我国现存最大的唐代建筑。莫高窟61窟五代时期壁画《五台山图》中示意性地描绘了佛光寺的形象，可见院落中的高大楼阁。

芮城广仁王庙正殿

　　唐帝室与道教创始人老子同为李姓，于是便尊老子为远祖，借以神化自身。由此道教在唐代备受尊崇，获得了极大发展。但本时期道教建筑的形制史载不详，实物也非常匮乏。山西芮城广仁王庙正殿是现存唯一的唐代木结构道教建筑。建筑为五开间歇山顶，约建于晚唐时期，但内部塑像、壁画已全部损毁。

天台庵弥陀殿

　　山西平顺天台庵弥陀殿早期曾被定为晚唐建筑，2014年维修时发现后唐天成四年（公元929年）题记，遂确定为五代时期创建。建筑面阔三开间，单檐歇山顶，虽然规模不大，但造型古朴大方，仍保留了明显的唐代建筑风格。同时天台庵也是国内现存最早的天台宗寺院。

华林寺大殿

　　五代吴越时期的福州华林寺大殿是南方早期木构建筑的代表。建筑为三开间，单檐歇山顶，但斗拱用材颇大，与七开间的佛光寺类同，显示其与佛光寺原本属于同一等级。这种做法体现了禅宗寺院的营建特点，通过保持建筑等级但刻意缩小其尺度，彰显了禅宗不重偶像、见性成佛的教义主旨。

20. 会当凌绝顶
——石窟寺的鼎盛

隋唐时期是中国石窟寺开凿的第二个高峰期，形成了以莫高窟隋唐窟群、龙门隋唐窟群、天龙山隋唐窟群、四川石窟群为代表的一大批优秀作品。其中，莫高窟现存隋唐石窟三百余座，占到总窟数的60%以上。龙门石窟则以唐高宗时期的大卢舍那像龛为代表，将龙门石窟的发展推向了顶峰。而以北魏石窟为核心的云冈石窟也有新的发展，以第3窟为代表的隋唐石窟无论规模抑或技艺均达到了一个全新的境界。天龙山石窟在隋唐时期也开凿了大量新窟，特别是第9窟的一佛三菩萨大型造像，精美的造型充分体现了盛唐气象。本时期石窟寺的营建与北朝相比，无论形制还是内容均发生了很大变化。北朝流行的中心塔柱窟逐步消失，佛殿窟成为主流。此外由于弥勒信仰的兴盛，弥勒造像开始流行，由此也促成了各类大型摩崖造像的出现，典型如乐山大佛。

莫高窟佛殿窟

隋唐佛殿窟以莫高窟的覆斗形屋顶石窟最为典型。如盛唐时期的45窟，采用矩形平面，在正壁上塑造整铺塑像，窟壁两侧绘制各类经变图像，覆斗形顶部绘制藻井、幕帐形装饰以及千佛图案。整体格局与文献记载中长安佛寺的布局类似，显示了石窟寺对木构佛殿的模仿。

莫高窟中心塔柱窟

此类洞窟多建于中唐之前，与北朝石窟相比发生了明显变化。如隋代302、303窟，采用了罕见的倒锥形中心柱，形同倒置的佛塔。倒锥形相轮之上原贴有千佛影塑，下部四面开龛。此外，如427窟与332窟，窟内虽仍有中心柱，但中心柱已不再是环绕瞻礼的崇拜对象，而是与两侧的窟壁形成了三面佛像环绕的格局，整体已与佛殿窟趋同。

云冈石窟第 3 窟后室

第 3 窟是云冈石窟最大的一窟，凿于高达 25 米的断崖之上，窟分为前后两室，后室雕刻有一佛二菩萨造像，中央坐佛高约 10 米，面貌圆润、肌肉丰满。二菩萨立像各高 6.2 米，体态自然，衣饰流畅，具有典型的隋唐时期造像风格。

龙门石窟大卢舍那像

该像位于龙门石窟的核心位置，是俗称为"奉先寺"的大卢舍那像龛的主尊，也是龙门石窟的象征。本组唐代造像依据《华严经》雕凿而成，以雍容大度、气势非凡的卢舍那佛为中心，生动体现了唐帝国强大的物质与精神力量，代表了唐代雕刻艺术的最高成就。传说该像面容仿自则天后，而日本圣武天皇于东大寺铸造的奈良大佛也以此为原型。

乐山凌云寺弥勒造像

俗称乐山大佛，是世界现存最高的石雕佛像，总高达 71 米。隋唐之际，弥勒崇拜日渐兴盛，和佛寺内广建弥勒大阁相对应，开凿摩崖大像的活动也达到了顶峰。大佛位于岷江、青衣江、大渡河三江交汇之处，开凿于唐开元元年（公元 713年），历时九十年方得以完成，初建时外部曾有木楼阁用以遮风避雨。

21. 云想衣裳花想容
——御苑与宅园

　　隋唐时期的皇家苑囿规模空前，长安与洛阳禁苑的面积均大大超越了所在城市的面积。同时，各类宫室中均有内苑，衙署中还有小型园林，形成了大、中、小三级苑囿体系。宫内园林以长安城内的太极、大明、兴庆三宫最为典型，内设湖池、岛屿、山峦、建筑等，延续了汉代以来模拟海上仙山的传统，此外城南还有面积广大的芙蓉苑。唐代的庄园别业依旧兴盛，王维的辋川别业、裴度的午桥庄等均是规模宏大的庄园，但相比南北朝时期而言，此时的别业庄园已日渐与私家园林趋同。私家园林除前述的别业庄园外，多以宅园为主，无论数量还是意蕴均较前期有了明显提高，日益与诗情、哲理相融，并与文人士大夫的日常生活、精神享受相结合，转变为一种具有高度文化内涵的特殊人工环境。晚唐诗人白居易、元稹等均有大量咏诵宅园清幽闲适的佳作。

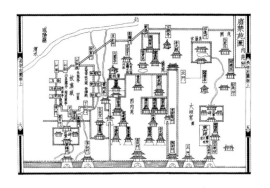

长安禁苑图

　　长安禁苑位于长安城以北，南邻长安城北墙，周回120里，面积达长安的2.1倍。禁苑以墙垣环绕，各方均开有苑门，内部建筑疏朗，仅设五宫、十七亭，大部分面积均是自然景观与园囿。禁苑不但可供游赏而且兼有庄园和猎场的功能，内部还驻扎有大批禁军。东都洛阳禁苑设于城址西侧，面积与设置大体与长安禁苑类同。

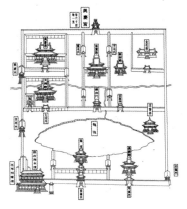

兴庆宫图

　　长安兴庆宫是玄宗时期的政治中心，他与杨玉环曾长期驻跸于此，宫内南向为面积巨大的龙池，周边有长庆殿、勤政务本楼、花萼相辉楼和沉香亭等建筑。"云想衣裳花想容，春风拂槛露华浓。若非群玉山头见，会向瑶台月下逢"，李白这首脍炙人口的《清平调》便源于宫中沉香亭。

唐代明器住宅

　　隋唐之际的城市宅邸以里坊制为基础，依官阶高低，差异很大。王公贵族及三品以上高官的宅邸普遍面积广大，豪奢异常。如隋代蜀王杨秀的府邸，总面积达 54.5 公顷，是明清紫禁城面积的 77%。在大型住宅之外，主要为大量中小型住宅，此类住宅一般为合院形式，多是二至三进院落，构成较为简单。

唐代山水园林

　　隋唐时期私家园林营造繁盛，更加注重自然与人工的有机结合。中唐之前士大夫多志存高远，喜好宴饮歌舞，园林多宏大富丽，如莫高窟172窟盛唐时期的壁画就表现了山水园林的景象。中唐之后，社会日趋动荡，私园遂由喧闹转向清寂，规模也日渐缩小，典型如白居易的洛阳履道里宅园。

《士人宴饮图》

　　唐代除各类私园外，官署内部往往还设有小型园林供官员游赏，白居易在诗作中就多次提及。同时长安城内还有由官府出资购地营建的园林，此类园林除官府自用外，还可对外出租使用。相关文献就有新科进士租借场地，在园中欢宴庆祝的记载。西安南里王村中唐时期韦氏家族墓出土壁画就表现了类似场景。

22. 唐风劲起：
造型与装饰

本时期建筑造型与装饰的演化以中唐为分界点，中唐之前大体承袭了南北朝以来的素雅特征，多用灰陶瓦及朱白双色刷饰。中唐之后，社会风气日渐奢靡，装饰的华丽程度也与日俱增。得益于与丝路沿线文明的频繁交流，中原地区的釉面陶制备技术也日趋成熟，各色琉璃瓦大量出现，并得到了广泛使用。木结构装饰也开始趋于复杂化，表面装饰以彩画为主，兼有包裹织物的做法。简单者刷饰赭色或红色，复杂者则绘制各类纹样。在某些高等级建筑中，还有在木结构外包镶檀木、沉香等具有特殊香味木皮的做法。室内外地面多用素面或印花方砖铺砌，高等级殿宇如麟德殿，内部还采用了磨光石材铺砌。外墙面装饰较为简单，多用白色涂刷，与后世惯用的土朱色迥然不同。隋唐时期的装饰纹样逐步融入了本土特色，常见的有联珠纹、团花纹、龟背纹及各类锦文等。

初唐灰陶鸱尾

图中的鸱尾出土于昭陵玄武门内的北司马门，是现今所见保存尤为完好的唐代鸱吻之一。鸱尾具有典型的早期特征，外缘还保持了明显的鳍状做法。昭陵是唐太宗李世民与长孙皇后的合葬墓，也是中国历代帝王陵园中规模最大、陪葬墓最多的一座。

初唐木构楼阁与长廊

木构技术发展至初唐时期已较为完善，参考日本奈良时代的同类建筑，其结构技术较飞鸟时期已有明显进步，受力合理性与结构可靠性均有很大提高。至中唐以后，以佛光寺东大殿为代表，传统木构体系正式走向成熟。初唐时期的莫高窟321窟中，生动表现了临水而立的纯木结构多层楼阁与长廊，可视为当时建筑的典型形象。

中唐琉璃瓦屋面与彩绘

琉璃瓦屋面大约出现于中唐时期，多为绿色，兼有黄、蓝、白等色。集诸色于一身的三彩瓦亦有出土，由此可知当时屋顶装饰之华丽。木结构表面的装饰以彩画为主，多用朱白二色，参考壁画资料，亦可见当时尚有于梁柱之上包裹织物或绘制类似图案的做法。莫高窟158窟中唐时期的壁画就表现了此类做法。

中唐建筑天顶装饰

莫高窟唐代洞窟的天顶壁画造型准确、绘制精微、设色大方，生动体现了彼时的室内装饰特征。如中唐时期的159窟窟顶，绘制了一座帐形佛龛，下部为垂帐和锦纹，侧边支条间绘坐佛，顶部为仿木结构的平棊做法，平棊内绘团花。整体华丽绚烂，但又不失典雅庄重。

药师寺东塔

隋唐时期，通过遣隋使与遣唐使的中日文化交流，大量中国建筑技术直接传入日本本土，由此产生了以药师寺东塔、唐招提寺金堂为代表的一大批"奈良时代"建筑。鉴于中国境内已无纯木结构唐塔留存，东塔等建筑成为研究同期中国建筑的基础资料。

23. 从塞北到江南
——宋辽金西夏时期的都城

本时期两宋、辽金、西夏各政权交替并立，以宋东京城为代表的新型坊巷制城市的出现，彻底改变了城市的面貌，其他政权的都城则普遍呈现了逐步吸纳中原先进文化的过程。东京城兴修于唐末，后周世宗时期，临街开辟了大批商业设施与店铺，正式开启了由封闭的里坊制向开放的坊巷制的过渡，最终至北宋时期，形成了人口百万的不夜之城。宋室南渡之后，以杭州为国都，改名临安。城市选址于西湖和钱塘江之间的三角形地带，城内宫城一反常规，安置于城市南部。辽代都城以上京、中京、南京最具代表性，其中南京由唐代幽州城扩建而成，仍保持了里坊制的格局。金代都城以中都为代表，在城市与宫室营造中均全力模仿东京，华丽奢靡程度有过之而无不及。西夏都城兴庆府即今银川市，城内仍保持里坊制，宫室与园林占据了很大面积。

《清明上河图》中的东京城门

北宋时期的东京城人口繁盛，达百万以上，街道不再被高耸的坊墙所封闭，临街多为商业设施，店铺、娱乐场所遍布全城，昼夜不歇。城内道路以宫城南向的御道为核心，形成了八条主要商业街道。汴河、金水河、蔡河、五丈河穿城而过，河岸两侧的运输业与商业都十分发达，《清明上河图》描绘的就是城东汴河两岸的繁荣景象。

北宋宫城宣德门

北宋宫室建筑模仿自隋唐洛阳，仍秉持了前朝后寝的格局。以宣德门为宫城正门，徽宗赵佶的《瑞鹤图》描绘的就是宣德门上仙鹤盘旋的祥瑞景象。正门内以大庆殿为外朝正殿，内廷以垂拱殿为核心，用于日常朝会。以福宁、坤宁两殿作为帝后的寝殿。宫城最北侧是内苑。宫室多采用工字殿样式，随后也直接影响了金元时期同类殿宇的规制。

辽上京遗址

　　辽上京位于今内蒙古巴林左旗，经发掘可知，城市分为以契丹族为主的北向皇城和以汉人为主的南向汉城。城市规划尚缺乏明确的中轴意识，道路系统也未出现以皇城为核心的中轴布局。宫室建筑以东向为尊。整体看来，城市营建虽已受到中原文化的影响，但民族特色仍十分明显。

金中都平面

　　金中都以辽南京为基础扩建而成，明显受到《考工记》的影响，外城每侧各设三门。与宋东京类似，城内里坊均可直通外部街道，以上规制均为后期的元大都所继承。宫城位于城市中部略偏西，在其西侧还有西苑。城外东北向还有仿造东京"艮岳"御苑而建的大宁宫，内设太液池、琼华岛等，即现今的北京北海公园。

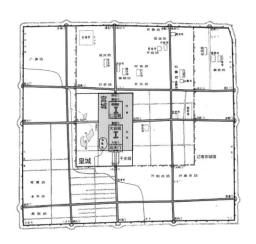

壁画中的金代宫室建筑

　　金中都宫城的正门为应天门，门南侧设有源自宋东京的御街和千步廊，正殿为大安殿。元大都建立后，金中都被逐步废弃，现今宫室遗址被覆压于当代北京城之下，已难知详情。据载，宫内建筑多摹自东京，主要殿宇均为工字殿格局，参照由金代宫廷画师绘制的山西繁峙岩山寺壁画可知，当时中都宫室应亦有不少独特之处。

24. 人神之间
——礼制建筑

　　本时期各王朝兴建了大量祠庙用以祭祀天地、祖宗与先贤。如东汉即有记载的太原晋祠，宋金时期屡有增修，形成了庞大的建筑群。而用以祭祀后土神的汾阴后土祠共九进院落，正殿面阔九间，重檐庑殿顶，与东京皇城正殿等级相同，直接彰显了祭祀设施的地位。陵墓建筑方面，北宋开创了集中设置陵区的做法，对后世陵寝规制产生了重要影响。宋室南渡后，仅在今绍兴地区建造暂存性质的攒宫，以方便后世移灵。辽代皇陵多位于上京周边，规模最大的为庆陵，包括圣宗永庆陵、兴宗永兴陵、道宗永福陵，墓葬装饰华丽，具有浓郁的民族特色。金代陵寝原位于今东北地区，后迁至北京房山，明代遭受严重破坏，目前仅存少量遗迹。西夏皇陵位于都城兴庆府以西的贺兰山麓，整体规制模仿北宋陵寝，但基于民族信仰，皇陵布局与造型均有明显差异。

永昭陵

　　北宋皇陵位于今河南省巩义市，共七帝八陵。以宋仁宗永昭陵为例，其陵制整体上延续了汉代以来帝后分葬的格局，后陵位于帝陵的西北侧，二者均有独立的祭祀建筑群。陵寝以截锥形陵台为中心，外部环以陵墙，陵墙四面正中开门，四角还有阙台。南向为正门，自陵门向南依次排布石像生及门阙等。

永熙陵甪端石刻

　　北宋帝陵神道石刻一般为五十八件，自南向北，有望柱、象及驯象人、瑞禽、甪端、马与控马官、虎、羊、客使、武将、文臣、镇陵将军和宫人等。其中的甪端是一种神兽，与麒麟相似，头上一角，据说能够日行一万八千里，通四方语言，而且只陪伴明君，专为英明帝王所用。

永庆陵墓室纵断面图

永庆陵为辽圣宗陵寝，墓上未设封土，仅在地宫上部安置殿堂建筑一组。地宫由前、中、后三室及前室、中室两侧的耳室构成，延续了唐陵前殿后寝的基本格局。墓室为砖砌穹窿顶结构，内部绘制壁画，现今可见者有四季风光、随侍人物，以及艳丽的建筑彩画。

西夏皇陵琉璃套兽

西夏皇陵整体规制模仿北宋陵寝，均以陵台为中心，外部环绕矩形陵墙。但陵台及献殿并不处于陵区的中轴线上，而是普遍偏西。陵台规制与中原的覆斗形封土也不同，是一座以夯土高台为中心的多层木结构建筑。现今陵台仅存土芯，土芯上依旧留存有大量的柱洞，周边还出土了大批瓦石残件，其中的琉璃套兽和鸱吻非常精美。

房山金陵太祖石椁雕饰

金陵原位于东北地区，海陵王时期被整体迁移至北京房山。至明末之际，由于对后金作战不利，明王朝以断其祖脉为由，将金陵建筑悉数平毁，地宫也被开掘破坏。现今经科学发掘，已发现多座早期帝王墓葬，其中金代始祖完颜阿骨打的汉白玉石椁制作精良，由整块汉白玉雕刻而成，剔刻团龙纹，十分华丽。

25. 异彩纷呈的臣庶墓葬

　　伴随社会发展及礼制建筑的鼎盛，本时期出现了一批高规格、高质量的臣庶墓葬，华丽与复杂程度堪与帝王陵媲美。典型如陈国公主墓、耶律羽之墓、宣化张氏墓等高等级辽墓，内部多饰有华丽壁画及丰富的随葬品，葬具也颇具特色，包括石棺、陀罗尼木棺等。宋金时期的墓葬多采用前后双室结构，墓室平面有方形、圆形、六角形等，普遍面积不大，仅四至七平方米。但装饰华丽，工艺精湛，如白沙一号墓就使用了北宋最高等级的彩画装饰做法，十分罕见。金代砖墓在宋墓基础上，愈发细腻精致，出现了大量精致的小木结构，反映出彼时繁荣的社会生活与高超的技术水准。此外，在墓室空间处理上，金墓也有明显进步，墓室内大量表现墓主生活场景，如山西侯马董海墓的开芳宴图像、稷山金墓中的观戏场面等。

辽代浮雕四神石棺

　　石棺分为棺盖和棺身两部分，由两块砂岩雕琢而成。造型为三开间庑殿顶建筑，具有显著的唐风余韵。石棺当心间设版门，两侧为破子棂窗，顶部原应有鸱吻。版门上部雕凿朱雀，其余三壁按方位分别雕刻青龙、白虎、玄武。立柱为八棱造型，斗拱硕大，置于柱头之上，柱间还使用了补间铺作斗拱。

宝山二号墓仕女图

　　墓葬位于内蒙古赤峰市宝山村，一号墓葬于辽太祖天赞二年（公元 923 年），二号墓下葬时间相近略晚。两座墓中的壁画堪称辽代早期绘画艺术宝库。画中人物形象丰满，极富唐代风韵，画面精美细腻，金彩并用，工艺卓绝，是目前所见辽代墓葬壁画中最精美的实例，对揭示辽初社会面貌及探讨晚唐以后中国绘画艺术的发展具有重要意义。

张匡正墓《散乐图》

墓葬位于河北宣化市下八里村，墓主张匡正
为辽代幽州汉族士人。墓中最精彩的《散乐图》
共绘八人，一人梳高髻，着短袄长裙，七人戴簪
花幞头，着圆领长袍，脚蹬高筒靴，服色各异。
各人手中均持乐器，有琵琶、笙、笛、箫、大鼓等，
且歌且舞，场面热烈。画面绘制精美生动，保存
完整，是辽代壁画中不可多得的精品。

白沙一号墓天顶彩画

墓葬位于河南禹州市白沙镇，建于北宋哲宗
末期，墓主为当地乡绅赵大翁。墓室为前后双室，
砖仿木结构，各类构件制作精美，几与实物无二。
最为特殊的是墓中仿木构件表面绘制了宋代最高
等级的五彩遍装彩画，过道天顶还绘制了盝顶式
宝盖，色彩艳丽饱满，与莫高窟内同类造型颇为
相似。

马村一号墓仿木砖雕

山西稷山县马村现存一处宋金时期的段氏家
族墓群，其中的金代墓葬在宋代砖仿木结构的基础
上加入了大量精致的仿木装修内容，如隔扇、栏杆
等，样式丰富，包含了大量文献已失载的精致做
法。此外，墓中还表现了各种戏剧演出场景，反
映出自北宋以来，生活娱乐内容日趋丰富的情景。

26. 宗教建筑与石窟寺的演进

　　本时期宗教建筑持续了蓬勃发展的势头，北宋虽对佛教抑扬兼用，但佛寺营建仍很繁盛。辽、金与西夏则十分崇信佛教，境内广设伽蓝，佛事活动也极为兴盛。现存辽金时期的重要佛寺主要集中在山西省大同市周边，如华严寺、善化寺、朔州崇福寺等，此外，蓟县独乐寺、易县奉国寺也是重要的辽代遗存。宋代佛寺现存较多，以正定隆兴寺、宁波保国寺较为典型。伴随佛教发展的日趋世俗化，本时期石窟寺的营造渐趋式微，加之北方战乱频仍，营造活动逐步转向了经济发达、社会稳定的南方，在四川与江浙地区造就了一批充满世俗色彩的石窟，以重庆大足区的北山、宝顶山石窟最具代表性。出于巩固统治、震慑外夷等目的，自宋初开始，历代北宋帝王对道教均青睐有加，但现今道教建筑遗存十分稀少。辽、金、西夏诸国，则以佛教为主，道教始终未得到大的发展。

蓟县独乐寺

　　寺院建于辽圣宗统和二年（公元984年），现存的山门与佛阁虽经历代修葺，仍大体保持了辽代旧貌，内部塑像也是同期作品。梁思成先生曾称独乐寺为"上承唐代遗风，下启宋式营造，实研究我国建筑蜕变之重要资料，罕有之宝物也"。寺院本为两进格局，坐北朝南，大阁后原有佛殿一座，但早已无存。

正定隆兴寺

　　寺院始建于北宋开宝二年（公元969年），自南向北现存天王殿、摩尼殿，图中分列左右的转轮藏阁、慈氏阁，近处之戒坛，以及远端的大悲阁等建筑。大悲阁内有高达21.3米的铸铜千手千眼观音像，为开宝二年原物，是中国现存最大的古代铸铜造像。此外，摩尼殿、转轮藏阁等建筑也各具特色，无论造型抑或内部供奉，均是海内孤品。

大同善化寺

善化寺是现存最为完整的辽金寺院建筑群。寺院坐北朝南，沿中轴线依次排列着山门、三圣殿、大雄宝殿。大雄宝殿两侧有观音殿和地藏殿，大雄宝殿前东西两侧为文殊阁（复建）和普贤阁。其中，大雄宝殿为辽代建筑，天王殿、三圣殿与普贤阁俱为金代建筑。

玄妙观三清殿

现存宋金时期的道教建筑屈指可数，以苏州玄妙观三清殿最为典型。大殿面阔九间，进深六间，重檐歇山顶。主体构架仍存部分南宋旧物，但外部历经重修，已无早期风貌。此外，河南济源奉仙观三清殿建于金代初年，是目前北方最早的道教木结构建筑遗存。

宝顶山释迦涅槃圣迹图

大足石窟开创于唐代，至宋代达到鼎盛，以工艺细腻、端庄妩媚著称。其中，宝顶山、北山两处规模最大，是中国晚期石窟艺术的优秀代表。释迦涅槃圣迹图为宝顶山第11龛，佛陀神态安详，右侧面卧，下半身隐入崖际。身侧为一列供养人，释迦面部下方拱手回望者就是宝顶山石窟的主要创建者赵凤智。

27. 百花齐放
——佛塔的多样化

　　随着佛教的蓬勃发展，佛塔在本时期也呈现了多样化的趋势。两宋时期以楼阁式佛塔较为多见，早期多为纯木结构，后期逐渐转为砖木混合结构或纯砖石结构，如开封佑国寺塔、泉州开元寺双塔等。辽金佛塔除楼阁式木塔外，也有少量楼阁式砖塔遗存，如庆州白塔，但更多的是不可登临的密檐式砖塔，反映了契丹族与女真族仍保留着以佛塔作为崇拜对象的信仰特征。此类密檐式砖塔多为仿木结构外观，平面常用八边形，下部有高耸的基座和修长的塔身，上部多为十三层密檐。塔体工艺精湛，装饰华丽，如北京天宁寺塔、辽宁北镇双塔等。本时期还有一类特殊的佛塔颇为流行，造型均为密檐式，在塔身之上密布莲瓣、力士、异兽等雕饰，远望宛如花束绽放，故得名花塔或华塔，但现今遗存稀少，以正定广惠寺塔、北京丰台镇岗塔等最为典型。

北京天宁寺塔

　　该塔创建于辽天祚帝天庆九年（1119年）。塔高57.8米，为八角十三层密檐式砖塔。塔基分为上下两层，基座之上是仰莲及塔身。塔身四面设券门，门两侧雕刻金刚力士、菩萨、云龙等，另四面为破子棂窗。塔身上部的十三层塔檐逐层收迭，塔顶用两层仰莲托举起须弥座及宝珠。整体造型俊美挺拔，体现了辽代建筑艺术的高超水平。

应县佛宫寺释迦塔

　　该塔建于辽清宁二年（1056年），由兴宗的皇后倡建，是我国现存最早、规模最大的木结构楼阁式塔。塔为五层八边形，高67.31米。木塔历经九百余年的地震、战乱和人为破坏始终巍然屹立，已成为中国传统木结构技术合理性与可靠性的生动例证，具有极其重要的文物与学术研究价值。

苏州瑞光寺塔

宋代楼阁式塔常用砖木混合做法，以砖砌筑八角形塔身，外部再加木制檐部和平座。这是两宋时期砖石使用日渐普及、砌筑技术提高的产物，具有明显的过渡性特征。由于年深日久，现存此类佛塔多仅剩砖制塔身，如杭州六和塔、苏州云岩寺塔。修复如初的则有建于景德元年（1004年）的苏州瑞光寺塔、绍兴二十三年（1153年）的苏州报恩寺塔等。

泉州开元寺镇国塔

泉州开元寺是福建规模最大的佛教寺院，大雄宝殿东、西两侧分置镇国、仁寿二石塔，罕见地保留了盛唐以来的佛寺布局模式。镇国塔为八角形五层楼阁式仿木结构石塔，创建于南宋嘉熙二年（1238年），高48.24米。塔内设塔心柱，结构合理，加工精制，充分体现了两宋之际砖石技术的进步，以及佛塔结构形式的演进。

正定广惠寺华塔

该塔始建于唐，现为金代重修后的形象。华塔整体上为八角楼阁式塔，塔身由两部分组成。主塔为四层，耸立正中，高约40米，底层四隅环抱主塔，各建一座六角亭阁状小塔，体现了金刚宝座塔的意味。主塔最上部的花束形塔身按八面八角塑出狮、象、力士、佛塔、菩萨等形象，可能寓意了佛教中的莲花藏极乐世界。

28. 文艺皇帝与士大夫园林

　　园林发展至宋代，已日趋成熟，在贵族与士大夫的文化生活中扮演了核心角色，造园技巧与艺术水准也达到了空前的高度。北宋初年，东京城内先后修建了琼林苑、玉津园、金明池等御苑，但最为精巧华美的当属徽宗时期完成的艮岳，堪称两宋皇家园林之集大成者。本时期的文人往往集官僚、学者、收藏家、书画家于一体，自身内在的精神与生活需求和外向的社交游艺需求相结合，促成了自南北朝以来，私家园林的第二个发展高峰。相关园林北方以洛阳、开封居多，南方则主要分布在以临安为中心的江浙一带。辽代园林主要集中于南京城内，远不如北宋发达。金代全力模仿两宋，中都城内建有大量私家园林。此外，本时期伴随社会经济的发展，特别是里坊制的解体，居住与市井建筑也得到了很大发展，出现了许多前所未有的全新类型。

艮岳湖石

　　艮岳的布局以池沼居中，四周以人工砌筑的山峦环绕。造园手法明显吸收了唐代以来画论中关于山水布局的构图手法，成功地营造出一片宛若天然的人工景观。为营缮艮岳，徽宗不惜工本，从全国各地搜求名木奇石，著名的"花石纲"即源于此。金灭北宋后，部分湖石被运至中都，置于各处宫苑之内，图为北京北海公园快雪堂内的艮岳湖石遗存。

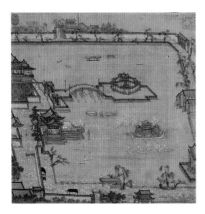

《金明池争标图》

　　东京城外的金明池是北宋时期重要的观景游艺场所。金明池原为训练水军之处，承平日久，变成了举办龙舟赛事的场所。传为张择端所作的《金明池争标图》就生动地描绘了在池内举行龙舟竞渡活动的盛况。图中所绘建筑也是异彩纷呈，池中央的圆形十字歇山亭阁建筑正对高大的重檐楼阁，样式新颖，气势恢宏。

南宋私家园林

两宋士大夫园林多为私园，主要供主人游憩休养，北方园内多花木而少山石，南方园林则盛行叠山理水的做法，尤以江南地区最为发达。南宋画家刘松年的《四景山水图——夏景》就描绘了一座江南地区的临水园林，园中以一座凉庭为核心，庭前点缀湖石，四周花木丛生。水阁伸向湖中，主人闲坐庭中纳凉观景。

南宋官员宅邸

本时期官员宅邸多为合院建筑，有独立的门屋，门屋后为厅堂，普遍面积较大。建筑多为悬山顶，高等级府邸可用歇山或庑殿顶，屋面已大量使用瓦件。《四景山水图——秋景》中表现了一座较为典型的官员住宅，门堂分立，堂屋为歇山顶，主人安居其中。庭院内花木茂盛，十分雅致。

北宋市井建筑

伴随里坊制的解体，以东京与临安为代表，城市内出现了许多新型商业与娱乐建筑，如酒楼、邸店（货栈商铺）、瓦子（表演娱乐场所）等。此类建筑普遍临街而建，以单层建筑居多，也有多层建筑掺杂其间。此外，还会统一修建类似廊庑的商用房，称为市廊。《清明上河图》中就可见典型的沿街市廊与重檐歇山顶的二层酒楼，楼外还有华丽悦目的彩棚。

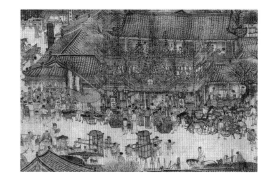

29. 盛世华章：造型与装饰

本时期造型与装饰在日趋规范化的同时，也呈现了多样化的特征。辽代建筑整体上秉持了唐代简洁、雄浑的风格，而宋、金时期的建筑则日趋繁密、华丽。北宋末期编纂的《营造法式》对日渐复杂的建筑技术进行了适时总结，留下了极其宝贵的资料。彩画此时已成为非常重要的装饰手段之一，宋代彩画体系完备，包括五彩遍装、碾玉装、青绿迭晕棱间装、解绿装、丹粉刷饰等不同等级，随后的金代深受其影响。辽代彩画与宋代差异较大，虽同样以暖色为主，但绘制较为自由简约，体现了早期风格的影响。木石雕饰整体上同样趋于细密华丽，典型如平阳金墓内的仿木雕饰。此外，琉璃砖瓦至宋代已得到广泛使用，除用于屋顶，也开始大量用于各类建筑之上，如开封祐国寺塔，通体镶嵌红褐色琉璃砖，远望宛如铁锈色，故得名铁塔。

南宋刊本《营造法式》

《营造法式》成书于北宋元符三年（1100年），是中国现存最早、最完备的建筑施工技术标准，由李诫主持编纂。全书详述了技术做法、施工定额、用料标准和技术图样，建立了以"材分制"为基础的设计标准。书中附图二百一十八版，是建筑技术与艺术史上一部空前的图样集成。惜北宋刊本已无存，现今可见最早者为南宋绍兴年间的刊本。

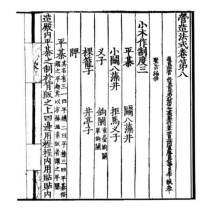

汴水虹桥

《清明上河图》所绘木桥，位于东京城外的汴河之上，因宛如长虹卧波，故名虹桥。该桥做法奇巧，采用"编木拱桥"技术，将长度有限的木材巧妙编接为一座具有较大跨度的木拱，实现了短材长用。此种做法后期在中原地区逐步被石桥所代替，但在边远地区仍有留存，如闽浙山区现存的廊桥就是采用类似技术建造。

净土寺藻井与天宫楼阁

本时期的小木作日渐繁密华丽，各种复杂的造型与装饰争奇斗艳，层出不穷。如华严寺薄伽教藏殿天宫楼阁、隆兴寺转轮藏、应县净土寺藻井与天宫楼阁均是典型代表，此类作品普遍仿造实物缩比制作而成，造型准确、工艺精美。此外，各类菱花隔扇也是华丽异常，如平阳金墓墓室内的仿木隔扇、朔州崇福寺弥陀殿的木制隔扇等。

五彩遍装彩画

据《营造法式》所载，宋代彩画较前期更加富丽鲜艳、纤细繁密。在等级上，以红、黄等暖色调为高等级，青绿次之。以纹样繁密者为高等级，单色涂刷为低等级。最高等级的彩画称为五彩遍装，白沙宋墓一号墓内就采用了此种做法。墓内砖仿木建筑通体绘制各类纹样，放眼望去，可谓繁花似锦。

西夏王陵鸱吻

本时期琉璃砖瓦的烧制技术已日臻成熟，形成了一套规范化的做法，各类大型琉璃构件多有出现。如西夏王陵出土的琉璃鸱吻，高1.52米、宽58厘米，颜色艳丽，形态生动。此外，大同华严寺、朔州崇福寺内均存金代烧制的鸱吻，体积庞大、分件众多，外部色泽统一，花纹衔接准确，显示了高超的技术水平。

30. 元大都与 明清两京

至元四年（1267年），元世祖忽必烈为宣誓正统，便于向南宋扩张，遂责成刘秉忠创修大都城。大都的设计明显体现了《考工记》的影响，也吸收了金中都与宋东京的成功经验。朱元璋在建立明朝后，关于国都选址，对故乡凤阳、开封、洛阳等地均曾加以考虑，但最终还是选择了地形险要、交通便利的南京。靖难之役后，朱棣迁都北京，至此南京降为陪都，南京作为明代国都共计五十三年。明代北京是在元大都的基础上发展而来的，洪武元年（1368年），明军攻入大都，元顺帝仓皇北逃，大都也被降格为北平府。以朱棣迁都北京为起始，至明代中叶的嘉靖时期，北京进行了多次不同规模的改扩建，最终形成一个独特的"凸"字形格局。清王朝建立后，北京城在整体格局上未有大规模更动，仅城内建筑有所损益。

和义门遗址与复原

目前元大都遗址被覆压在明清北京与当代北京的建筑物之下，详情已难以探究。1969年拆除西直门箭楼时，发现了被明代建筑包裹在内的元大都和义门瓮城城门，门洞内有元至正十八年（1358年）题记。发现时城楼建筑已被拆去，只剩室内地面及柱础，下部为城门墩台和门洞。建筑虽不完整，但依旧是目前所见最珍贵的元大都建筑遗址。

大都与中都

元大都选址于金中都东北方，以金代的大宁宫为核心，形成了新旧二城并列的格局。大都为南北向长方形，面积约50平方千米，城内街道方正齐整，尺度适宜，避免了隋唐长安过于庞大的弊病，也不像宋东京那样狭窄拥挤，此种规划格局随后也为明清北京所继承。同时，大都通过异地兴建新城，在获取旧城人力物力支持的同时，也有效规避了旧城的束缚，这是其在选址规划上的一大成就。

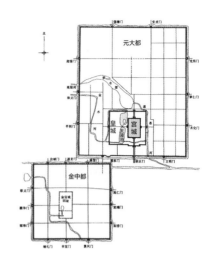

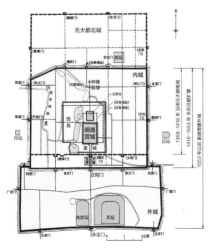

明南京城

南京以建康为基础扩建而成，城内东侧为宫城，西侧及秦淮河周边为居民与工商业区，北侧为驻军区域。由于地形与旧有市区的影响，城墙为不规则的曲线形，全长37千米。城墙依据保卫目标的重要性分为三段，东侧环绕宫城的部分最为重要，全部以城砖实砌，耗费巨大，其余则采用夯土包砖石的做法。

明清北京城沿革

洪武元年，明军攻入大都，为便于防守，放弃了城北人口稀少的地带，在城内新筑了一道北城墙，沿用元大都南城，形成了明代北京最初的格局。永乐十四年（1416年），朱棣决定迁都北京后，开始在城内兴修宫室，新建宫城选址较元代宫城略向南移，所以南城墙也相应地向南扩展了800米，将元代大都南门附近的繁华地带划入城内。明代中期，特别是"土木堡之变"后，增强京城防御、加筑城墙的呼声日益高涨。最终在嘉靖三十二年（1553年）开始修建外城，原计划围绕现有城墙再筑一道环形外城，但限于人力物力，最后仅在南城人烟稠密地带加筑了外墙，由此形成了明清北京城独特的凸字形格局，合计总面积约60平方千米。

95

31. 南北故宫分三地

　　元大都宫室遗址被完全覆压在现今明清宫室之下，已难以考究详情。据文献所载，大都宫室多采用工字殿格局，装饰奢靡，喜用珍贵木材与琉璃。明南京宫室初建之时，朱元璋因六朝国祚不久，颇为忌讳，所以刻意避开了六朝宫室旧址，在其东侧田野之上新修宫城。宫室规制以三朝五门制度为基础，借助天人感应之说予以规划，意在以遵循古制为号召，标榜正统。北京宫室直接承袭了南京宫室的格局，自永乐十四年（1416 年）开始，仅用四年时间就完成了核心殿宇的修建，到嘉靖时期已形成了功能齐全、结构严整的宫殿建筑群，较之南京宫室更加恢宏壮丽。盛京即今辽宁省沈阳市，是满清入关之前的国都。盛京宫室的修建分为努尔哈赤、皇太极及乾隆三个时期，形成了东、中、西三路并立的格局，体现了后金政权逐步吸收先进汉文化的过程。

元大都宫室

　　宫室位于城市中轴偏南位置，以金代离宫为基础修建而成。建筑多模仿宋金规制，主要殿宇有大明殿、延春阁等，均为工字殿格局。皇城内还有许多与游牧习俗相关的设施，如城内东北方有羊圈、西南方有鹰房。建筑室外喜爱使用各色琉璃装饰，包括后期罕见的白、蓝等色，室内多用皮毛、毡毯。此外，藏传佛教与伊斯兰教的影响在建筑中也多有体现。

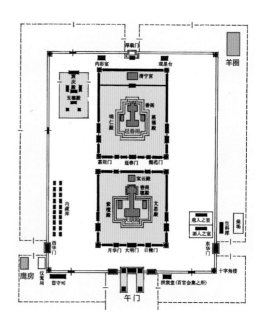

明南京宫室午门

宫城选址于钟山之阳，在城市东侧形成了一条新的中轴线，同时也继承了唐代以来宫室北向、衙署南向的格局。皇城正门为承天门，北侧安置左祖右社，前朝部分有奉天、华盖、谨身三大殿，后寝为乾清、省躬、坤宁三大殿。明亡后，南京宫室历经劫难，现今仅午门保存较好，其余多仅存遗迹。

明清北京宫室

北京宫室以承天门（清代称天安门）为皇城正门，入内东西侧分别是太庙与社稷坛。以午门为宫城正门，宫城南北长960米、东西宽760米，前朝中轴线之上依次排列奉天、华盖、谨身三大殿（清代改称太和、中和、保和），东西两侧有文华殿和武英殿建筑群。后寝中轴线上是乾清宫、交泰殿和坤宁宫。东西两侧为东西六宫。最北侧为钦安殿建筑群，到明代后期被改造为御花园，清代依旧沿用。

清盛京宫室

宫室整体坐北朝南，东路建筑群创建于努尔哈赤时期，以大政殿为中心，南向依次排列着十座殿宇，称为十王亭，供八旗旗主与左右翼王使用，体现了后金政权早期的部落联盟特征。中路建筑群是皇太极时期创建，明显受到中原文化影响，形成了中轴对称、前朝后寝的格局。南向为大清门、

入内是正殿崇政殿，崇政殿之后为寝区，整体安置于高台之上，正殿为清宁宫，以名为"凤凰楼"的三层重檐歇山木楼阁作为入口。西路及中路的东西两侧，均为乾隆时期增建，其中文溯阁曾藏有全套《四库全书》。

清宁宫
文溯阁

大清门

大政殿
凤凰楼
崇政殿
十王亭

32. 天柱地轴
——明清北京中轴线

　　明清北京中轴线是中国古代城市建设尤为辉煌的成就之一。明代北京城延续了元大都宫城与城市中轴重合的布局，自永定门到钟鼓楼形成了一条长达 7.8 千米的城市中轴线。这条中轴线是世界城市建设史上杰出的典范之一，梁思成先生曾予以高度评价："一根长达八公里，全世界最长，也最伟大的南北中轴线穿过全城。北京独有的壮美秩序就由这条中轴的建立而产生。"这条轴线贯穿了北京城的核心部位，联系起外城、内城、皇城和宫城，形同北京城的脊梁，鲜明地突出了宫城的位置。同时在中轴线两侧，还对称分布了一系列重要的建筑，如先农坛与天坛、太庙与社稷坛、各类官僚衙署等，充分体现了帝王居天下之中"唯我独尊"的思想。

内城中轴线

　　明代北京以朱棣迁都为起始，形成了贯穿正阳门、前后三大殿、万岁山（景山）、钟鼓楼的内城南北中轴线，至嘉靖时期增筑外城后，这条中轴线更延伸至南向的永定门，形成了总长达 7.8 千米的城市中轴线，充分彰显了帝都的庄严气魄，在气势与规整程度上远远超过了元大都，成为明王朝中央集权的生动体现。

前三大殿建筑群

建筑群以太和、中和、保和三殿为核心，是前朝所在。三大殿命运多舛，初建于明永乐十八年（1420年），随即遭雷击焚毁。正统至嘉靖时期两度重建，但复建后的三大殿不论尺度抑或用材，较永乐时期均明显缩小，建筑与台基之间略显比例失调，令人殊为遗憾。1644年李自成撤离北京时再次纵火焚毁了太和殿，清初重建时沿用了明代中晚期偏于窄小的规格，形成现有格局。

钟鼓楼

两楼前后并列，坐落于今地安门外大街，是明清北京的报时中心，按照"晨钟暮鼓"的规制鸣响报时。鼓楼高46.7米，三重檐歇山顶，灰筒瓦绿琉璃剪边。钟楼高47.9米，重檐歇山顶，黑琉璃瓦顶绿琉璃剪边。钟鼓楼始建于元代，明永乐十八年（1420年）重建，由此确立了其位于都城中轴线北端的地位，后相继毁于火。现存鼓楼建于明代中期，钟楼则建于清乾隆时期。

故宫午门

午门是俗称紫禁城的北京宫城之正门，气势磅礴，宛如张开双臂的巨人。午门中央为门楼，两侧称雁翅楼，取其形如双翅之意。这种造型源自汉唐门阙制度，正殿两侧伸出的多重阙楼逐步演化为今之雁翅楼。午门是明清时期最重要的皇家典礼场所，颁布诏令、战胜献俘等大典仪式，均在此举行。午门之后还可见弧形的金水河及太和门。

后三大殿建筑群

建筑群以乾清宫、交泰殿和坤宁宫为核心，属于后寝部分。北侧为钦安殿建筑群，早期是供奉真武大帝之所，明代后期改造为御花园，清代承袭不变。最北侧是宫城的北门神武门及景山。后三大殿东西两侧是后妃居住的东西六宫。在西六宫南侧，就是著名的养心殿建筑群。东六宫东侧，则是乾隆帝为退位养老而建的宁寿宫。

33. 皇家祭祀建筑 与文武庙

元代统治者对礼制祭祀的重视程度远逊于中原帝王，由此元代祭祀建筑始终未有显著发展。明代则反其道而行之，为标榜正统，各类祭祀建筑的营建鼎盛一时。至满清入关，统治者全面继承了明代相关规制，多沿用旧有建筑，少有更动。明清祭祀建筑的祭祀对象，仍为自然神与祖先圣贤两大类。朱元璋曾有语："天生英物，必有神司之。"这种万物有灵的观念使得明代的神祇祭祀形成了上至天帝日月，下至地祇社稷、岳镇海渎的庞大祭祀谱系，最重要的是天地与五岳祭祀，由此也催生了天地坛、五岳庙等建筑。祖先类祭祀以宗庙为核心，明代太庙首创于南京，朱棣迁都后，模仿其规制营建了北京太庙。圣贤类祭祀以文圣孔子祭祀最为繁盛，与之对应，武圣关羽的祭祀亦颇为发达，以解州关帝庙规模最为恢宏。此外，历代帝王、名臣等圣贤人物，也专设庙宇予以祭祀。

太庙前殿

太庙位于天安门东侧，遵循了左祖右社的格局。现今太庙建筑群始建于明永乐十八年（1420年），虽经历代修葺，但仍大体保持了原貌，是北京现存较为完整的明代建筑群之一。主要建筑为前殿、中殿、后殿及配殿，以前殿规制最为恢宏，殿宇高居于三重汉白玉须弥座式台基之上。重檐庑殿顶，面阔十一间，主要用材均为金丝楠木。

历代帝王庙景德崇圣殿

该庙是我国现存唯一祭祀历代帝王的皇家庙宇，创建于明嘉靖十年（1531年），清雍正至乾隆时期多次重修，祭祀内容几经调整，最后确定为自三皇五帝以下共一百八十八位历代帝王。庙宇位于北京市西城区阜成门内大街，正殿名为景德崇圣殿，重檐庑殿顶，面阔九间，进深五间，以金丝楠木为柱，规制恢宏，寓意了"九五之尊"的帝王规制。

曲阜孔庙大成殿

现存孔庙中，以孔子故里的曲阜孔庙最为宏伟壮丽。孔子谢世后，他的旧宅被辟为祭祀场所，至今已有两千余年的历史。现存建筑主要为元明清三代的遗物，由于历代增建不辍，形成了进深七进的宏大建筑群。庙内正殿为大成殿，清雍正时期重建，殿身七间，带周围廊，重檐歇山顶，殿前有石质盘龙柱，雕饰极为精美。

北岳庙德宁之殿

位于河北省曲阳县，清顺治十七年（1660年）移祀山西浑源以前，曲阳北岳庙一直是历代帝王祭祀五岳中北岳之神的场所。德宁之殿为北岳庙内主体建筑，元代至正七年（1347年）重建，是中国现存最大的元代木构建筑。殿宇坐北朝南，重檐庑殿顶，殿身七间，带周围廊，气势古朴雄浑。

天坛中轴线

天坛位于北京城市中轴线南端的东侧，总面积约27公顷，是明清时期最重要、面积最庞大的自然神祭祀场所。天坛是圜丘、祈谷两坛的总称，圜丘坛在南、祈谷坛在北，同处在一条南北轴线上。圜丘坛内主要有圜丘、皇穹宇等建筑，用于祭祀昊天上帝。祈谷坛内主要建筑有祈年殿、皇乾殿、祈年门等，用于祈求五谷丰登。

34. 自我作古
——从孝陵到十三陵

据史书记载，元代皇帝下葬后在地面以上不作任何标记，现均已无迹可寻，推测埋葬地点应位于今蒙古国境内。明代陵寝以恢复古制为标榜，沿袭了积土为陵、帝后同穴、建设集中陵区等早期规制，但具体做法上又有大量创新，如封土由覆斗形改为半圆形，体积也大为缩小，称为宝顶。宝顶外部建有类似城墙（宝城）、城楼（方城明楼）的设施。这种演化体现了本时期陵墓日益成为礼制与权力的象征物，能充分彰显权势的地面建筑变得更加复杂化、大型化，成为陵墓视觉形象的核心内容。明代以南京孝陵为起始，朱棣迁都后形成了北京十三陵，代宗被罢黜身亡后，归葬景泰陵。北京之外还有若干明代皇家陵寝，如凤阳地区有埋葬朱元璋父亲的皇陵，以及埋葬祖父以上三代的祖陵。嘉靖皇帝追尊其父亲兴献王为帝，其陵墓也改称显陵，位于今湖北钟祥市。

明祖陵石像生

明祖陵坐落在洪泽湖畔的淮河入湖处，朱元璋于洪武十九年（1386 年）追封并重葬其祖父、曾祖、高祖三代，至永乐十一年（1413 年）逐步建设完备。神道两侧立望柱两对，石像十九对，包括瑞兽、文臣、武将、内侍等，统称石像生，又称"翁仲"。这批石刻数量众多，技艺娴熟，风格独特，颇有宋元遗风。

明孝陵方城明楼

孝陵是明代第一座正式的帝王陵寝，朱元璋于此创造了一种全新陵制，随后被明十三陵与清东西陵所继承，成为晚期陵寝制度演化的转折点。其中，方城明楼为明代首创，自孝陵以下，方城明楼制度代替了早期单纯的封土做法，成为皇家陵寝中的标准做法。

明长陵

长陵是成祖朱棣的长眠之所，是十三陵的首座皇陵，位于北京昌平天寿山脚下，也是明陵中规模最大、保存最完整的实例。陵寝规制源自孝陵，但更加整齐规范，陵区主体建筑为三进院落，自陵门起始，第一进院内有神厨神库（已毁）、碑亭，第二进为祾恩门、祾恩殿，第三进则是方城明楼、宝城宝顶等系列建筑。

明十三陵石牌楼

石牌楼位于十三陵神路最南端，于明嘉靖十九年（1540年）完成。牌楼通体由汉白玉雕刻砌筑而成，面阔五间，顶部共十一座屋檐，俗称六柱十一楼，宽28.86米、高14米，是中国现存最大的牌坊类建筑。建筑工艺细腻，精准模仿了木制牌楼的造型，包括表面彩画也予以精细刻画。创建时石材表面以艳丽色彩装饰，现今仍可见到部分残迹。

定陵地宫

定陵是明神宗万历皇帝朱翊钧及两位皇后的合葬墓，是目前唯一经过系统发掘的明代帝陵。地宫由前、中、后室及左右耳室组成，面积达1195平方米，十分宏大。左右耳室对称分布，原为皇后而设。中室内摆放了三座汉白玉宝座以及五供和长明灯。后室棺床中央放置着万历皇帝和两位皇后的棺椁。

35. 盛京三陵与东西陵

后金政权自立于关外之时，就在盛京周边兴建了埋葬太祖努尔哈赤的福陵、太宗皇太极的昭陵，在赫图阿拉还建有埋葬远祖的永陵。入关后首先选址于河北遵化，以顺治帝的孝陵为起始，形成了全新陵区。至雍正时期，以践行昭穆之制为理由，在河北易县新辟陵区，形成了东西二陵并列的格局。最终东陵埋葬了顺治、康熙、乾隆、咸丰、同治五位皇帝及其后妃，西陵则有雍正、嘉庆、道光、光绪四帝及其后妃的陵寝。在建筑风格上，关外三陵与后期陵寝差异较大，永陵规制较为简单，福陵与昭陵则具有突出的防卫特征，形同一座小城。入关后的东西陵整体上继承了明陵规制，但在建筑体量与规模上均有所缩减，地宫营建也趋于简化，但部分陵寝的装饰与用材则精益求精，堪称美轮美奂，典型如乾隆裕陵、慈禧陵、道光慕陵等。

福陵

福陵创建于天聪三年（1629 年），到顺治八年（1651 年）基本建成。形制为城郭式陵园，由前院、方城、宝城三部分组成。前院内有碑亭及配殿，方城四面围合，四角设角楼，南向中央的隆恩门是一座三重檐歇山顶楼阁建筑，入内为隆恩殿，两侧有配殿，最后是宝城宝顶及明楼。现存建筑独具特色，整体保留了清初的原貌。

孝陵

孝陵是清代入关后第一陵，完成于康熙初年。陵寝选址在遵化昌瑞山主峰之下，整体规制沿袭明陵做法，主要建筑包括金水桥、碑楼、隆恩门、隆恩殿、方城明楼、宝城宝顶，但规模较明陵显著缩小。如隆恩殿的规制，面阔仅五间，重檐歇山顶。对比长陵的九开间、重檐庑殿顶，可谓缩减甚多。

裕陵地宫

裕陵是乾隆帝的陵寝，整体延续了孝陵的格局与规模。但适逢王朝鼎盛时期，建筑无论用料抑或工艺，均堪称清代陵寝之冠。特别是地宫最具特色，主体采用优质青白石砌筑，各墓室入口处设置精美的仿木门楼，除地面外的所有壁面均遍布佛教题材雕饰，包括佛像、菩萨、天王、梵藏经咒等，工艺细腻，内容丰富，堪称一座地下佛堂。

泰陵隆恩殿

泰陵是雍正帝的陵寝，位于今河北易县永宁山脚下，规制同样仿自顺治孝陵，是清西陵第一座陵寝，同时也是规模最大的陵寝。泰陵隆恩殿采用典型的清代帝陵享殿做法，面阔五间、重檐歇山顶，居于单层汉白玉须弥座台基之上，正向南侧设三部阶梯，中央设御路丹陛。

慕陵宝顶

慕陵为道光帝的陵寝，是清代帝陵中规模最小的一座。依据昭穆之制，道光帝本应葬于东陵，但墓室建成后渗水严重，被迫废弃，最终移建于西陵。道光帝执政时期，内外交困，为俭省功用，陵区内裁撤了大碑楼、石像生、二柱门，隆恩殿也改为三开间周围廊，单檐歇山顶。后部方城明楼被撤除，仅设石牌楼及圆形的宝城宝顶。

36. 元明时期的佛教建筑

　　元代汉传佛寺的营建出现了明显的两极化特征，官立佛寺多继承了前期官式技术，较为规整细致。民间建筑则普遍加工粗糙，缺乏规范性。至明代后，汉传佛寺整体上渐趋规整，以北京与五台山寺院群最为典型。同时借助前期传入的拱券营建技术，出现了一大批高水平的砖石仿木建筑，如南京灵谷寺、五台山显通寺、太原永祚寺、苏州开元寺等。本时期的宗教美术达到了极高水准，如明代法海寺壁画，堪称一绝。藏传佛教在本时期也得到很大发展，青藏、内外蒙古等地的寺院建筑大量涌现，其中青海乐都瞿昙寺保留了大量明代早期官式做法，是文化交融的典型。本时期佛塔以南京大报恩寺琉璃塔最为精美华丽，惜毁于太平天国战乱，现存最出色的琉璃塔当属洪洞广胜寺飞虹塔。此外，北京真觉寺金刚宝座塔作为域外引入的样式，也独具特色。

广胜下寺后殿

　　寺院位于山西省洪洞县，后殿建于元至大二年（1309 年），殿内木构件加工粗糙，做法也缺乏规范性，但殿内四壁曾绘有极其精美的壁画，造像亦庄严肃穆。此种现象普遍出现在元代民间建筑之中，可能与元代民间经济与技术力量的相对短缺有关，彼时的营建者显然更倾向于将有限资源投入到更能体现宗教信仰的造像与壁画之上。

智化寺如来殿

　　智化寺坐落于北京内城禄米仓巷，由权监王振于正统时期创建，是北京现存最完整的明代早期佛寺。寺内造像、雕饰样式繁多，做工绝美，特别是如来殿与智化殿的两座藻井以及藏殿轮藏，堪称明代小木作的最高成就。如来殿是寺内最重要的殿宇，上部供奉三身佛，下部为释迦牟尼佛，明清时期殿内还曾存有《大藏经》一部。

显通寺七处九会殿

万历时期是明代砖拱券佛殿的营造高峰，五台山显通寺七处九会殿是其中规模最大的一座。大殿造型为仿木结构的重檐歇山顶二层楼阁式建筑，外观面阔七间，进深三间，内部由三个高大的连续砖拱并列构成。七处九会殿的名称源自《华严经》关于释迦说法地点与次数的记载。

瞿昙寺

佛寺始建于明洪武二十五年（1392年），是一座敕建藏传佛寺，具有突出的明代早期官式建筑特征。自山门起依次为金刚殿、瞿昙殿、宝光殿、隆国殿等建筑。其中，建于宣德时期的隆国殿，面阔五间带周围廊，重檐庑殿顶，两翼连缀斜廊，高居于须弥座台基之上。做法仿自明初北京宫城奉天殿，是现存唯一可以反映明代早期高等级宫殿建筑特征的珍贵实物。

大报恩寺塔琉璃门券

南京大报恩寺塔是明成祖朱棣为报答父母养育教诲之恩所建。佛塔为八边形，共九层，总高约80米，通体覆盖琉璃砖，是中国历史上最宏伟壮丽的砖制佛塔。佛塔不幸于1856年毁于太平天国战乱，现今仅存部分残件。南京博物院收藏的"六拏具"琉璃门券就是佛塔遗物之一。

37. 密法重兴
——清代佛教建筑

　　以禅宗为代表的汉传佛教进入清代后日趋没落，与之相反，藏传佛教则迎来了更为迅猛的发展。以康雍乾三朝为代表，为了绥抚蒙藏、安定边疆，在远至青藏、近处京畿的广大地域内兴建了大量寺院。藏地最重要的当属拉萨布达拉宫。蒙古地区则有呼和浩特的大小召庙、席力图召等。内地藏传佛教建筑多见于北京、承德、五台山等地，以统称为外八庙的承德寺院建筑群最为精彩，包括普陀宗乘之庙、须弥福寿之庙、普宁寺等。自明代以来，以密宗为核心的藏传佛教建筑逐步形成了藏式、汉式、混合式三类寺院样式。藏式佛寺普遍面积广大，布局自由，没有明确的组群与轴线关系。汉式佛寺则遵循了传统的中轴对称合院布局，仅在内部设施上有所变换，用以体现教派信仰的不同。混合式则多见于蒙古地区，通常以汉地佛寺布局为基础，在中轴线后部安置藏式大经堂。

布达拉宫

　　清代藏区最重要的佛教建筑是具有政教合一性质的拉萨布达拉宫。布达拉宫是藏传佛教格鲁派的核心寺庙，也是达赖喇嘛的宫室，主要分为红宫、白宫、护法神殿等部分。自清顺治二年（1645年）创建，至1933年方才形成现有的格局。建筑采用藏族传统的碉房形式，自山脚至顶部，高达115米，形如一座坚固堡垒，气势雄伟，撼人心魄。

扎什伦布寺

　　也称"吉祥须弥寺"，是西藏日喀则最大的寺庙，四世之后的历代班禅喇嘛均驻锡于此。寺院创建于明代，最宏伟的建筑是大弥勒殿和历代班禅灵塔殿。扎什伦布寺是典型的藏式寺庙，寺内房屋密集，僧侣众多，道路纵横，俨然一座小型集镇。建筑形式多为源自藏区碉房的堡垒式建筑，局部则吸收了汉式建筑的歇山顶等样式。

雍和宫法轮殿

雍和宫是北京地区现存最完整、规模最大的藏传佛教寺院。该建筑群原为雍正帝的潜邸，乾隆帝亦诞生于此。乾隆九年（1744年）改王府为佛寺。现存建筑主要包括天王殿、雍和宫殿、永佑殿、法轮殿、万福阁等，其中法轮殿内供奉着高达6.1米的格鲁派创始人宗喀巴大师铜鎏金像。

普宁寺大乘之阁

普宁寺为承德外八庙之一，建于乾隆二十年（1755年），建筑风格融合了汉藏佛教特色。以大雄宝殿为界，前半部为汉式布局，后半部则模仿西藏桑耶寺的须弥山格局而建。大乘之阁是整个寺院的核心，建筑面阔七间，进深五间，外观五层，顶部设置五座攒尖顶，阁中矗立的一尊千手千眼观音菩萨，是世界现存最高大的木质雕像。

席力图召大经堂

寺院始建于明代，现存建筑主要完成于清康熙时期。寺院前部是汉式合院格局，后部则为藏汉合璧的大经堂。经堂面阔九间，前部设七开间前廊，采用藏式平顶，后部巧妙地以若干汉式歇山顶覆盖，形成了宏大的室内空间。屋顶满铺黄绿琉璃瓦，中央安置鎏金大法轮，经堂墙体为蓝琉璃砖，色彩绚丽，庄严肃穆。

38. 道教与伊斯兰教建筑的发展

　　元代道教建筑以山西芮城永乐宫最为典型。永乐宫是全真教祖庭之一，中轴线上现存四座元代建筑，其中三清殿集建筑、壁画、彩画、木雕于一体，尤其珍贵。此外，晋城玉皇庙内的二十八宿造像也堪称神品。明代道教建筑首推武当山建筑群。永乐时期历时十一年，建成宫观三十三处，但岁月侵蚀，目前仅有紫霄宫与天柱峰建筑群保存较好。至清代后，道教日趋衰落，少有大规模建筑出现。中国境内现存明代以前的伊斯兰教建筑遗存很少，以广州怀圣寺光塔、泉州清净寺与杭州真教寺最为典型。中国伊斯兰教建筑在元明时期逐步形成了维吾尔族与回族两大体系。维吾尔族体系以院落布局为主，但不追求中轴对称，建筑造型以穹顶和平顶为主，体现了与中亚地区的文化交流特征。回族体系则以汉式中轴对称的合院布局为基础，在内部加入宣礼塔、礼拜殿等伊斯兰教特有元素而形成。

永乐宫无极门

　　无极门是永乐宫正门，建于元至元三十一年（1294 年），因殿内原有青龙、白虎星君造像，亦称为龙虎殿。建筑为五开间单檐庑殿顶，比例匀称，做工精致，承袭了宋代以来的官式做法，具有显著的官式建筑特征。永乐宫原位于距现址二十余千米的永乐镇，1959~1964 年间整体迁至现址，搬迁工程难度颇大，是中国文化遗产保护史上的创举。

武当山天柱峰

　　天柱峰是武当山的主峰，明代环绕峰顶构筑了周长 1.5 千米的石墙，墙内称为紫禁城，墙外为太和宫。紫禁城最高处是永乐时期铸造的铜殿，内部供奉真武造像。这座建筑群象征着真武大帝的居所，选址于云雾缭绕的顶峰，掩映在山林之间，俨然一座天上神宫，周遭众峰环峙，宛如众星捧月，宗教气氛的营造极为成功。

清净寺门楼

清净寺位于福建省泉州市，元至大三年（1310年）由波斯设计师完成。现存主体为石结构，门楼采用 10 世纪之后西亚地区的流行做法，独具特色。门楼拱券为典型的尖拱做法，内外各有一座半圆形穹顶，内部穹顶造型明显受到了波斯式钟乳拱的影响，是中国现存最早的阿拉伯风格清真寺实例，十分珍贵。

艾提尕尔清真寺

位于新疆维吾尔自治区喀什市，明正统时期喀什噶尔统治者沙克色孜·米尔扎死后葬于此，其后裔建造了一座小清真寺，即该寺之前身。现存寺院是新疆地区规模最大的清真寺，建筑呈现了较为典型的中亚伊斯兰建筑风格：入口高大，门券采用尖拱做法，内设圆形穹顶，两侧为高耸的光塔。

化觉巷清真寺礼拜殿

位于西安市，创建于明代初期，寺内共四进院落，一、二进设有照壁、牌楼、入口等，第三进以名为"省心楼"的木制楼阁式光塔为核心，院落最后一进是面东而立的礼拜殿，单檐歇山顶，面阔七间，前部设有大型月台，后部将多个屋顶连续衔接，形成广大的室内空间，可以容纳众多信徒，这也是回族伊斯兰教建筑重要的创新之处。

39. 西山园林与避暑山庄

　　元代最重要的皇家苑囿是宫城西侧的西苑,以太液池为主体,内有琼华岛、圆坻、犀山台三座小岛,用来象征传说中的海上三仙山。至明代逐步扩建,形成了西苑内南北纵向的一池三山模式,由此也奠定了清代北、中、南三海并列的格局。由于清代帝后常年在各地园林和行宫之内起居议政,这使得苑囿成为皇家建筑营造的核心。自清初至乾隆时期,除西苑外,京郊西山区域陆续修建了大批行宫御苑,形成了庞大的"三山五园"园林集群。三山是指万寿山、香山、玉泉山,五园则为畅春园、圆明园、清漪园、静明园、静宜园。除清漪园留存至今外,其余多已无存。同时源于巡狩制度和绥抚蒙藏的政治需求,清代在承德地区还营建了避暑山庄。相对京郊的皇家园林,避暑山庄的布局更加开阔舒朗,配合外八庙,形成了独特的皇家建筑体系。

北海琼岛

　　西苑源自金代,元明两代均是重要的皇家御苑,其内以北海面积最大,内容最为丰富。清初顺治、康熙时期,在北海琼华岛上兴建了白塔与永安寺,使之成为西苑最突出的标志性景观,大白塔也成为北京内城的制高点。至乾隆时期又大兴土木,在北海北岸建设了大量寺院建筑,使西苑逐步成为一个具有浓厚宗教色彩的场所。

香山昭庙琉璃塔

　　静宜园位于北京西郊香山地区,是一座富有野趣的山地园林。始建于康熙时期,至乾隆朝达到极盛,园内分布有行宫、寺庙、园中园等各类建筑。其中,"宗镜大昭之庙"是乾隆四十五年(1780年)为迎接六世班禅来京朝觐而建,与承德须弥福寿之庙颇为类似。庙后矗立的七层琉璃砖塔已成为香山的重要象征。

《圆明园四十景图》之方壶胜境

圆明园原为雍正作为皇子时的私园，至乾隆时期广加扩建，形成了长春、绮春、圆明三园的综合体，统称圆明园。园内有著名景点四十处，方壶胜境是最宏伟壮丽的所在。建筑群模拟传说中的海上仙山，前部有三座重檐大亭，呈"山"字形伸入湖中，中后部楼阁居于高台之上，其内供奉有大量佛像与佛塔，是一处琼楼玉宇般的寺庙建筑。

颐和园万寿山建筑群

清漪园即今颐和园，现存格局是光绪十四年（1888年）慈禧太后六十寿诞时修葺的结果。园内以水面为主，是清代水域面积最大的皇家园林，整体规制模仿杭州西湖，同时加入了一池三山做法。景观建筑集中于北岸的万寿山区域，前山的核心建筑是佛香阁，下部为排云殿建筑群，后部是位于全园制高点的智慧海琉璃阁。

避暑山庄金山岛

避暑山庄是清代最大的离宫苑囿，形成于康乾时期，园林选址于丘陵地区，富于山林野趣，内部设有多处摹自江南园林的景点。如文园狮子仿苏州狮子林，烟雨楼仿嘉兴烟雨楼。其中金山岛仿自镇江金山寺，位于湖区东岸，全岛制高点是名为"上帝阁"的三层楼阁，祀奉真武大帝、玉皇大帝。下部是名为"天宇咸畅"的建筑群。

40. 能不忆江南
——私家园林

　　元明时期的私家园林继承了宋代以来士大夫园林的精神气质，将园林作为人格与理想的寄托。私园的营建以江南地区最为兴盛，北京次之。此时的园林已不再为中上层官僚所专享，一般的士庶也开始普遍营造使用。造园理论及实践日益丰富成熟，以明末的造园大家计成及其名著《园冶》最具代表性。清代园林不仅在数量上明显超越前代，同时也大量融入了地域文化与技术，形成了北方、江南、岭南三大园林体系。北方私园以北京为代表，在用材及手法上均与北方民居关系密切。江南园林是清代私园的核心，普遍面积较小，内部景观以描摹自然为主，叠石理水是精妙所在。岭南园林比较接近江南园林，但较为规整，多以合院格局出现，普遍面积窄小，水域的尺度与灵活程度也较为逊色。到清代中晚期，受到外来文化的影响，部分园内还出现了一些西洋式的建筑与做法。

恭王府花园

　　恭王府原为乾隆时期权臣和珅的宅邸，后成为恭亲王奕訢的府邸。府内花园是北方私园的典型代表，受限于材料与成本，园内较少使用玲珑剔透的湖石砌筑假山和驳岸，山石多用北太湖石、青石，或以土堆山丘代替。建筑造型以北京四合院建筑为基础，较为浑厚敦实。色彩上多用青、绿、红诸色，效果艳丽，与素雅的江南园林迥然不同。

网师园

　　苏州网师园是江南私家园林的杰出代表，该园面积仅八亩，小巧精致，是一座附属于住宅的宅园。园内以水域为核心，池岸低矮，叠石以精取胜，注重整体效果的营造。通过与水域和环绕其间的轩、馆、楼、阁等建筑相互配合，成功地营造出旷奥自如、烟波浩渺的山水风光。

拙政园

拙政园是江南园林中少见的大型园林。创建于明代，原为多个私园，后逐步合并为一个整体。园林利用较为广阔的地域，人工堆积山丘，形成了山水兼备的自然风光。园内建筑疏密得当，除环绕水域造景外，还有围合小院，可谓自成天地。图为三十六鸳鸯馆与留听阁，水面小巧，建筑精致，三十六鸳鸯馆之上还采用了具有域外风情的彩色玻璃装饰。

西园放生池

西园全名西园戒幢律院，是苏州市内最大的佛教寺院，创建于元代，现存建筑多为清代重建。寺内西花园是较为罕见的寺院园林，花园围绕放生池而建，叠山理水，池中央有一座六角形单檐攒尖顶湖心亭，翼角飞扬，具有典型的江南建筑风韵，池的东西两侧还各有一座精巧的厅堂。

可园问花小院

可园位于广东省东莞市，始建于清道光三十年（1850年），是岭南园林中的珍品。可园以"小巧玲珑、设计精巧"著称，园林布局高低错落，曲折回环。问花小院出自唐代诗人韦庄的"云解有情花解语"之句，院内的临水船厅称为雏月池馆，是夜赏初升新月之处。船厅背后的可楼高达15米，楼分四层，顶层名为邀山阁，是全园的最高点。

41. 绚丽多彩的民居建筑

　　元代的住宅制度较为粗略，建筑普遍尺度较大，如北京后英房胡同住宅遗址，就是一处大型院落。明代自洪武时期制定了严密的住宅制度，庶民住宅可用三开间，进深五架，不得使用斗拱和彩画。官员依据等级不同，最高可用七间九架，并附带斗拱和彩画。但除皇室外，均不得使用歇山、重檐、重拱、藻井等做法。清代大体延续了明代的相关制度，但伴随着经济发展，封建专制日益衰落，各地装饰华丽、工艺精巧的住宅不断涌现，往往突破了等级桎梏，呈现出百花齐放的局面。北京四合院由于地处天子脚下，所以明显受到了典章制度的约束，至清代逐步形成了非常完备的规制与技术做法。晋商民居则充分体现了商人的豪奢之气。江南民居整体上与北方民居类似，但更加精美闲逸，常与园林结合。此外，防御性突出的客家土楼也是极具特色的民居类型。

丁村明代民居

　　山西襄汾丁村民居是中国北方现存明清居住建筑群的突出代表，完整保存了明清北方建筑的原貌。村内明代民居以万历二十一年（1593 年）和万历四十年（1612年）所建的两处院落最为完整。二者均为四合院格局，正房、厢房均为单层三开间，未使用斗拱与彩画，规制完全符合官方要求，是颇为典型的明代民居实例。

北京四合院模型

　　北京四合院一般取南北向格局，大门开于东南角，按照等级不同设置不同的进数，常见为二至四进。进入大门后南向为倒座房，北向为垂花门，内接用来联通厢房与正厅的抄手游廊。正厅后面是正房及耳房，正房后还可设后罩房或后罩楼。一般庶民的房屋均不过三间五架，不得使用斗拱，装饰以单色油漆刷饰为主。

后罩房　正房　耳房　厢房　垂花门　游廊　倒座房　院门

晋商民居斗拱

山西晋中地区的清代商宅往往突破规制，装饰奢华艳丽，极富炫耀色彩。如祁县乔家大院，其正房多为五间，大门还有做成外观三间、实则五间的做法。细部装饰大量使用重拱，遍布金饰彩画与繁密木雕，工艺之精美让人叹为观止。无论形制、规模抑或装饰手法，均大大超越了常规的北京四合院。

西塘民居

江南民居受气候条件影响，院落普遍较小，房屋进深较大，且多用二层做法，以此在院落各处形成较为高耸的天井或巷道，便于遮蔽太阳辐射，增大通风量，营造舒适宜人的小气候环境。建筑装饰则较为素雅，白墙黛瓦，细部多用精致木雕或砖雕。图为嘉兴西塘镇民居中的天井庭院。

南靖土楼

土楼是由客家移民修造的堡垒式大型集合住宅，多见于福建、江西等地。此类住宅普遍是聚族而居，具有突出的防御特征。早期造型尚遗留有中原地区四合院的影响，晚期则逐步转为方形与圆形。构造为夯土木结构，内向开敞，对外封闭。内部中央一般设有宗族祠堂、水井等重要设施，外围则是环绕多层分布的住宅。

42. 雕梁画栋：
造型与装饰

　　元明清三代的造型装饰风格差异明显，元代普遍奔放而热烈，至明代则趋于规整与素雅。清代康乾时期，无论技术抑或艺术特征，均达到了一个新的高峰。本时期建筑装饰最突出的特征是彩画色调与样式的变化。如前所述，宋代彩画以暖色调为核心，元代之后的彩画则逐步趋于以冷色调为主，形成了以青绿为主的格局。与宋代建筑通体遍施彩画的做法不同，明清时期彩画的施用范围逐步缩小，一般只用于梁、枋、额及斗拱，柱身与隔扇均改用单色油饰，高等级多用朱红色，低等级则用黑、褐、绿色。在彩画使用部位趋于缩减的同时，各类源自工艺美术的装饰手法开始大量出现，如镶嵌、灰塑，特别是琉璃装饰，在元明时期得到了极大发展。此外，本时期工程技术文献尚有较多留存，以清代的工部《工程做法》及样式雷资料最为全面，系统呈现了明代以来重要的技术成就。

明代琉璃照壁

　　元明时期各类建筑开始普遍使用琉璃装饰，以明代山西地区的琉璃制作与使用水准最为出色。除传统的屋面、脊饰外，还出现了大面积的琉璃影壁、琉璃镶嵌建筑等，如大同代王府九龙壁、广胜寺飞虹塔等，普遍色彩艳丽，造型生动，做工精美，此种做法随后也被清代皇家建筑所继承。图为大同善化寺五龙壁局部。

岭南灰塑装饰

　　清代建筑装饰手段日益丰富，特别是在南方地区，除彩画、琉璃外，各类木、瓦、石雕饰十分发达，此外还出现了诸如灰塑、镶嵌、螺钿、景泰蓝等工艺。其中灰塑流行于两广地区，多用于脊部装饰，色彩艳丽，造型复杂，场景生动，具有突出的立体装饰效果，图为广州陈家祠堂屋脊灰塑。

工部《工程做法》

　　该书是继《营造法式》之后，又一部重要的官方营建规范。编成于清雍正时期，较全面地反映了清代初期的宫廷建筑做法与装饰技艺，是了解清代营建规范的核心文献。全书分为七十四卷，涵盖了官式建筑中的主要类型与技术门类，是对自北宋末期以来工程管理与建筑技术的一次全面总结。

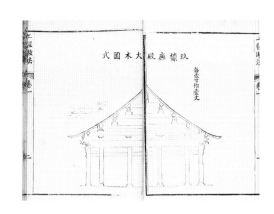

清代木材拼合技术

　　明代中期之后，由于大型木料日益匮乏，使得拼合小材为大材的做法开始广泛出现。至清代后，此种做法趋于成熟，通过拼合梁柱，有效突破了天然木料的长度限制，使清代建筑，特别是多层楼阁建筑，在造型体量与空间尺度上都取得了明显进步。如北海小西天极乐世界殿，梁枋跨度达到近 14 米，营造了十分宏大的室内空间。

样式雷图档

　　清代官方建筑工程分别由内务府与工部承担。乾隆时期内务府设立了样式房与销算房，分别负责图纸设计和工料预算。以清初名匠雷发达为起始，雷氏子孙执掌样式房达两百余年，所以雷氏也得名"样式雷"。现存样式雷图档全面反映了清代皇家工程的营建情况，是极其珍贵的史料，2007 年已入选联合国世界记忆名录。

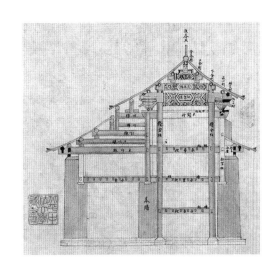

43. 多元化风格的引入

　　近代中国的建筑风格错综复杂，域外各类流行风尚不断被引入，其中折衷主义的影响最为显著，相关作品大致分为两种：其一是根据建筑类型采用不同的时代风格，古典风格常用于金融机构，如上海汇丰银行的新古典主义风格；教堂多为哥特式，如上海徐家汇天主堂。另一种是同一建筑上混用不同时代的风格样式，如天津劝业场，混用了文艺复兴、古典主义等多种风格元素。自 20 世纪初开始，几乎与国际同步，新艺术、装饰艺术、现代主义等不同风格纷至沓来，首先是哈尔滨的新艺术风格建筑。随后至 20 世纪 30 年代，以邬达克设计的国际饭店、大光明影院等为代表，现代主义的意味已愈发浓厚。与此同时，以亨利·墨菲为代表的域外建筑师也开始探索将现代技术与中国传统建筑造型相结合的途径，创作了燕京大学校园、金陵女子学院等一系列作品，产生了深远的影响。

上海汇丰银行

　　1921 年由公和洋行设计，1923 年竣工，是当时远东最大的银行建筑，被誉为"从苏伊士运河到远东白令海峡最讲究的建筑"，也是中国近代新古典主义建筑最杰出的代表。大楼立面构图严谨，可以看到明显的横纵三段式划分。中央为穹顶，穹顶基座为希腊式山花，下部为六根爱奥尼亚式巨柱。大楼主体为钢框架结构，砖块填充，外贴花岗岩石材。

马迭尔宾馆

　　哈尔滨作为中东铁路的枢纽，自 19 世纪末开始，进行了大规模的城市建设活动。早期的建筑大都由位于沙俄圣彼得堡的设计部门直接完成，建筑风格普遍采用了当时最前卫新颖的新艺术运动风格。建筑造型以流畅的曲线代替了刻板僵硬的古典元素，整体较为简洁，空间关系与使用功能也吻合较好，始建于 1906 年的马迭尔宾馆是其中的代表。

沙逊大厦

　　装饰艺术风格源自 1925 年巴黎万国博览会，以追求简洁明快的体型，以及阶梯形体块组合、折线式墙面划分和几何图案浮雕装饰为特征，已具备了现代主义建筑的一些重要元素。公和洋行在 20 世纪 20 年代完成的沙逊大厦虽然还留有古典主义三段式的痕迹，但简洁的线条与底层的装饰图案已具有明显的装饰艺术风格。

国际饭店

　　上海国际饭店落成于 1934 年，大楼共二十四层，地面以上高 83.8 米，是当时亚洲最高的建筑物，并一直保持该纪录近半个世纪之久。建筑采用了当时风行于欧美的装饰艺术风格，同时也深深地渗入了现代主义元素。设计师为奥匈帝国建筑师邬达克，1918 年至 1947 年间，邬达克为上海留下了六十件以上的设计作品，现今很大一部分已被列为优秀历史建筑。

燕京大学校园建筑

　　燕京大学（现北京大学）是 20 世纪初由美英基督教会联合开办的大学，也是近代中国规模宏大、质量上乘、环境优美的大学代表，至 20 世纪 30 年代已经跻身于世界一流大学之列。校园设计与规划由美国建筑师亨利·墨菲完成。通过一系列的实践，他较为成功地将现代技术与传统宫殿造型相融合，对后期中国建筑师的同类设计产生了极大影响。

44. 本土建筑师的探索与创作

　　近代中国的建筑设计师多源出欧美，学习内容也以彼时流行的折衷主义为核心。回国创业后，普遍仍以此类手法为核心，但亦能紧跟时尚潮流，在 20 世纪 20 年代后开始进行装饰艺术、现代主义等风格的实践。同时以 1925 年南京中山陵设计竞赛为标志，到 1937 年抗战全面爆发，在十余年的时间内，国内主要城市出现了一大批具有中国传统风格的建筑，这种大规模的流行风潮被称为"传统复兴"风格。在传统复兴的大框架下，设计手法可分为宫殿式、混合式、装饰符号式三大类。宫殿式以保持传统建筑的比例关系与外形轮廓为核心，注重保持传统建筑的构件造型与细部装饰。混合式则具有明显的折衷主义特征，一般多在西洋式的建筑主体上加入中式构件或小型建筑形象。装饰符号式是以装饰艺术风格为榜样，通过在现代式建筑的外部施以适度的中国式建筑符号来完成。

美琪大戏院

　　由著名建筑师范文照设计，完成于 1941 年，采用了富有装饰艺术风格的现代主义手法。建筑造型十分简洁，中央主体为筒形，上部为几何图案浮雕饰带，纵向开简洁的长条窗，窗上装饰几何造型的金属窗棂。两翼为方形体块，顶部亦有浮雕饰带，开窗同样小巧简洁。定名美琪，取其"美轮美奂，琪玉无瑕"之意，是昔日上海著名的演艺场所之一。

燕京大学女生宿舍

　　梁思成先生除致力于建筑历史研究外，在 20 世纪 30 年代也为燕京大学设计了地质学馆与女生宿舍。其中，女生宿舍为地上三层，具有突出的现代主义特征，造型简洁，外形完全服从于功能。建筑尺度推敲细致，外立面简洁而不单调，通过门窗排列的比例关系，整体形态显得丰富而严整。有趣的是，中央的过道式半圆拱门又透露出一丝中国传统建筑的气息。

上海市政府大厦

建于 1931 年，共四层，底层为台基，二、三层为屋身，顶层置于大屋顶内，是传统复兴风格宫殿式做法的代表。大厦在外观上基本保持了传统建筑的比例与造型，也颇为雄伟华丽，但各类功能差异很大的房间被勉强挤入宫殿式建筑的框架内，使很多部位难以使用，大量房间的采光通风效果很差，深刻暴露出仿古做法与现代公共建筑之间的尖锐矛盾。

中山陵祭堂

1925 年由建筑师吕彦直设计完成，是混合式风格的典范。中山陵祭堂是整个中山陵的高潮部分，建筑没有拘泥于传统宫殿式建筑的比例权衡，大胆地在下部四角采用了堡垒式石墙墩，中间为三开间门廊，上部是一座蓝琉璃歇山顶。通过全新的设计，建筑造型比例匀称，尺度得当，形象庄严肃穆，被公认为传统复兴风格建筑最杰出的代表。

上海中国银行大楼

上海中国银行大楼是外滩重要的高层建筑之一，是 20 世纪 30 年代传统复兴风格在高层建筑上的宝贵尝试，采用了装饰符号式的手法进行设计。整体为造型简洁的现代主义风格，但在外部施用了诸多中国式符号，如顶部采用了和缓的攒尖顶，檐部施用一斗三升，翼角亦微微起翘，墙体装饰纹样及窗格也富有浓郁的中国韵味。

Chapter

3

经典
之作

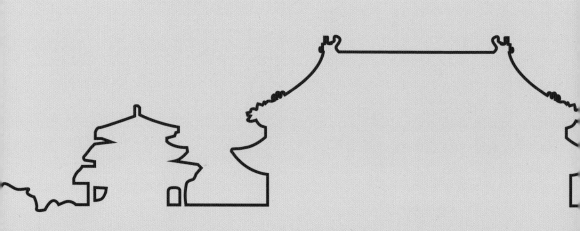

1. 殷墟妇好墓

墓上祭祀建筑复原

建筑遗址位于墓圹正上方,据推测原为一座东西面阔三间、南北进深两间的小型建筑。此建筑是用来祭祀墓主的"宗"(即宗庙建筑)。在安阳大司空村商墓、山东滕州前掌大村商墓等若干墓葬上均发现类似建筑遗迹,由此可推测,在墓上方建造祭祀建筑是商代的通行做法。

墓室复原

妇好墓是现今发现唯一保存完整、未经扰动的商代王室墓葬,也是唯一能够与历史文献联系起来,进而推定墓主的商代墓葬,对了解商代后期历史有着极其重要的价值。该墓是一座竖穴墓,面积仅二十多平方米,但出土了大量陪葬品,包括青铜器、玉器、宝石器、象牙器等,共计1928件,许多是前所未见的艺术珍品。

出土鸮尊

鸮尊出土于妇好墓的最底部,共两件,造型雄浑厚重,神态庄严,是墓内尤为精美的青铜器代表。尊本是一种盛酒礼器,鸮在古代被视为战神,而妇好曾多次率军出征,由此有学者认为鸮尊是用来纪念妇好的军功。在中国古代青铜器中,鸮纹形象十分罕见,仅见于商代后期。

2. 广汉三星堆遗址

青铜立人像

三星堆遗址约始于商代，属巴蜀文化范畴，出土文物中以青铜器最引人注目。此人像通高2.62米，立于方形台座之上，五官突出，棱角分明，耳垂上有圆形耳洞，身着三层薄衣，上有精美的纹饰。铜像双手作持物状，有学者认为是用来放置和展示象牙或瑞草，可能代表了当时巫师的形象。

金面铜人头像

头像为平顶，发辫垂于脑后，具有浓郁的地方风格。金面罩用金皮捶拓而成，造型和头像相同，眼眉镂空，制作精致，给人以权威与神圣之感。一般认为金面造像代表了具有至高地位的权贵，他们手握生杀大权，并具有人神交流的能力。此外，2019-2021年的发掘又新发现了一具大型金面具。

青铜纵目面具

青铜纵目面具是三星堆颇具神秘色彩的文物之一，共出土三件。面具的眼睛呈柱状向外凸出，一双雕有纹饰的耳朵向两侧充分展开，造型雄奇，是世界上年代最早、形体最大的青铜面具。因古文献记载蜀人始祖蚕丛的形象即为"其目纵"，故而有观点认为该面具表现的是蜀族始祖蚕丛。

《兆域图》

《兆域图》出土于王陵之内，是一块金银镶嵌的铜板，长近1米、宽48厘米，上面刻绘了陵园的平面布置，以及中山王颁布修建陵园的诏令，是我国现存最早的建筑总平面图。由图可知，陵园的规模宏大，三重城垣围绕着五座高台建筑，依次安葬了中山国国王、王后及两位夫人。

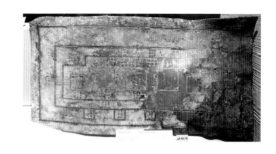

山形器

该系列器物出土于中山王陵车马坑中，体量庞大，格外引人注目，但其用途众说纷纭，被视为王陵中尤为神秘的文物。有学者认为是从商周时期流行的祭祀礼器——铜蝉演变而来，还有学者认为中央一枝是从玉圭造型演化而来，左右两枝是两个头戴玉圭的神鸟形象，形成了两鸟捧玉圭的格局，可能具有沟通天神与凡人的功能。

错金银四龙四凤铜方案

方案边长47.5厘米，出土时案面已朽，仅存案座。底座为两雄两雌跪卧的梅花鹿，四龙四凤组成案身。四龙独首双尾，昂首托起一斗二升斗拱，是目前可见最生动明确的战国斗拱造型。四凤双翅聚于中央连成半球形，凤头从龙尾纠结处引颈而出。方案集铸造、镶嵌、焊接等多种工艺于一体，具有明显的边塞民族艺术风格。

4. 秦始皇陵

始皇陵封土

封土位于陵园内垣南侧，近正方形，现边长350米、残高76米，为三层截锥体，有学者推测其上原有建筑。地宫尚未发掘，据探测在封土下存在夯土墙垣，内部有强烈的汞异常反应，与《史记》所载"以水银为百川、江河、大海"的记载吻合。墓室构造尚不可知，依据当时的技术水平推测，应仍以木结构为主。

彩色兵马俑

目前陵区发掘较充分的是一批陪葬坑，如东侧的兵马俑坑目前已发现四处，以1、2号坑最为庞大，出土大批陶俑与车马，生动反映了秦代的军事制度，也体现了高超的艺术水准。此类陶俑外表原有艳丽色彩装饰，但普遍保存状况较差，经过科学发掘和保护，目前我们已得以欣赏到两千余年前的彩色陶俑。

彩绘铜车马

铜车马出土于始皇陵内垣附近，比例为实物的二分之一，造型逼真，制作精细，如实反映了秦代御用车马器具的形制与风貌。一号车为"立车"，车上立一圆伞，伞下站立一名御官俑。二号车是四马鞍车，车舆上有穹窿形的椭圆车盖，前室为御者所用，内跪坐一名御官俑，后室是主人的居所。

5. 大葆台汉墓

主墓室

汉代最高等级的土圹木椁墓称为"黄肠题凑"，大葆台1号墓是我国最早发现的此类墓葬，墓主人可能是西汉燕王或广阳王。此墓"黄肠题凑"由15880根长0.9米、截面为10厘米见方的木柱垒叠成42米长、3米高的木围墙，木端朝向棺椁。墙正南辟门，门上装铺首衔环。

五重木棺椁

多重棺椁是秦汉高等级墓葬的标准配置。棺是盛敛尸体的木制葬具，椁是套在棺外的外棺。依身份与地位不同，会配置不同数量的棺椁。大葆台汉墓为诸侯王级别墓葬，配置了外椁、内椁以及三重套棺，合计达五重，配合"黄肠题凑"做法，充分彰显了墓主人的权势与地位。

封土及木炭白膏泥

西汉高等级贵族墓在墓室之上普遍会填埋木炭与白膏泥，其上再置封土。大葆台汉墓使用了两层木炭与一层白膏泥。木炭起着吸湿、除菌的作用，白膏泥则以其致密的结构发挥了密封、隔绝空气的功能，是当时技术条件下非常有效的防腐保护措施。

6. 洛阳永宁寺塔

佛塔复原图

永宁寺塔创建于北魏熙平元年（公元516年），是一座高达一百三十余米（另有记载塔高两百余米）的土木混合结构楼阁式佛塔，内部为夯土芯，外部包裹木结构。塔平面为正方形，高九层，塔刹上有相轮十三重，装饰十分华丽。至永熙三年（公元534年）二月，佛塔遭雷击起火烧毁，永宁寺亦随之荒废。

佛塔塔基遗址

佛塔现今仅存基址，位于永宁寺内中心位置。据考古勘察与文献记载，基础由夯土筑成，约百米见方，上有包砌青石的台基，长宽均为38.2米、高2.2米，周边原有石栏杆，四面中央各有一斜坡道。塔身四角加厚成墩台，有效增强了塔身的稳定性。

出土佛面

永宁寺遗址内出土了一批非常精美的陶制造像，包括僧众与世俗人物。其中一件残缺的半边佛面丰腴饱满，嘴角的些微笑意隐现出独特的宽容与宁静，亦彰显了北魏佛教造像的卓越艺术成就。佛面高25厘米，是遗址出土的最大造像残件。

7. 唐长安大明宫

大明宫复原

大明宫整体布局与太极宫类似，顺地形自南向北依次升高，前殿含元殿是目前了解最充分的唐代高等级宫殿建筑遗址。《剧谈录》载："（含元殿）凿龙首岗以为基址，……高五十余尺，倚栏下瞰，前山如在指掌，……蕃夷酋长仰观玉座，若在霄汉"，足见其非凡气势。

含元殿遗址

含元殿是一座面阔十三间的大型殿宇，高居十余米的台基之上，殿前有长达七十余米、被称为龙尾道的上殿坡道。左右各有三出阙楼一座，以阁道与殿宇相连，形成环抱之势。现今殿宇仅存夯土遗迹，经过修整，复原了台基造型，作为大明宫核心遗迹对外展出。

麟德殿复原模型

  大明宫北侧的禁苑内设有大量辅助性建筑，如太液池周边的麟德殿、人富殿等，常用于非正式接见与宴饮娱乐，均以规模宏大、装饰奢华著称。其中，麟德殿是隋唐时期规模最大的复合建筑体，总面积达 12300 平方米，由前、中、后三座殿堂紧密串联而成。

唐乾陵石刻

翼马

  翼马是乾陵石刻中最具神话色彩的作品，制作于唐睿宗时期，仅有一对，现立于神道两侧。马匹昂首站立，圆目直视，颈项两侧分披鬃毛。双翼展于前肢上部，翼面卷曲重叠，上刻浮雕云纹，有腾云驾雾之势。四足和尾与石座相连，石座四周尚有各种线刻纹饰。

直阁将军像

直阁将军的名称源于南北朝时期，原指执勤于内庭的侍卫武官，后期成为守护帝王陵寝的象征。乾陵共设十对直阁将军，分列神道两侧。将军像头戴武弁，身穿长袍，双手拄立横刀于胸前，神态威严，凛然不可侵犯。

六十一蕃臣像

位于朱雀门外，西侧三十二尊，东侧二十九尊。石像尺度与真人相仿，头部已无存，衣饰各不相同，但均双足并齐，两手前拱肃立。石像背部镌刻有姓名、职衔、族属等文字，现今仅有七尊石像上的文字还依稀可见，包括疏勒国王、康国王、于阗王、石国王子等，可能表现了出席高宗葬礼的外域使节形象。

9. 莫高窟

敦煌九层楼

第 96 窟是典型的唐代大像窟，建于武周延载二年（公元 694 年），内部塑造了一尊高达 35.5 米的大型弥勒像，造型与龙门奉先寺卢舍那大佛颇有相似之处。唐代在造像外部原建有四层窟檐，历代兴废不一，现存九层窟檐是民国时期完成，高达 45 米，以其突出的体量与优美的造型，成为敦煌莫高窟的代表形象。

《菩萨引路图》

该幅唐代卷轴画出自俗称藏经洞的第 17 窟，是藏经洞文物中的精品，现藏大英博物馆。画面中央为一尊头戴花冠、衣饰华丽的菩萨像，可能是观音或地藏菩萨。菩萨右手持香炉，左手执幡，引导着右下角的华服女性前行，亦步亦趋，前往位于云端的极乐世界。一般认为，该画应是彼时为亡者祈福而作。

《于阗国王像》

第 98 窟中，一幅高达 2.82 米的供养人壁画十分令人瞩目。所绘人物头戴冕旒，衣饰日月，手持香炉，通过左侧榜题可以得知，所绘为五代时期的于阗国王李圣天。该壁画是莫高窟迄今发现的最大君王肖像画，生动表现了西域君主的形象，是研究中古时期西域社会文化的珍贵史料。

10. 云冈石窟

第 20 窟

云冈 16—20 窟由僧人昙曜主持开凿，每窟内均有一座高大造像，据推测象征着北魏五代帝王，直接反映了北魏时期佛教与统治者之间的微妙关系。20 窟外侧檐柱已坍塌，成为露天造像，主佛胸部以上保存较好，脸型丰满圆润，双耳垂肩，衣饰与造型具有显著的犍陀罗风格，是云冈石窟中最具有代表性的作品。

第 9 窟

云冈石窟中的佛殿窟以 7—10、12 窟最为典型。并列排布的 9、10 两窟，均为前后双室格局，前部是三开间仿木柱廊，外部的仿木檐口和屋顶等已风化无存，但从内部雕刻仍能看出其形制大体与麦积山做法类似。柱廊内雕饰保存完好，中央可见仿木结构的庑殿顶门楼，两侧是希腊爱奥尼式柱头支撑的像龛，垂挂幔帐，内部端坐交脚菩萨像。

第 39 窟

塔柱窟在云冈共有五座，窟中以仿木结构的塔心柱为核心，体现了佛教以塔为崇拜对象、信徒绕行礼拜的传统，是早期印度石窟做法的延续。典型如 39 窟，内部雕刻了一座五层佛塔，造型生动逼真，准确反映了北魏时期木结构佛塔的形象。

11. 龙门石窟

宾阳中洞内景

宾阳中洞是北魏宣武帝为父母祈福而建，被誉为孝文帝迁都洛阳后最具代表性的洞窟。洞中雕刻的"三世佛"题材，已从云冈的犍陀罗风格，转为具有浓郁本土特征的"秀骨清像"与"褒衣博带"样式，造像普遍面颊清瘦，体态修长，身着衣纹密集的宽大袈裟，体现了中国石窟艺术在本时期发生的重大转变。

《孝文帝礼佛图》

原位于宾阳中洞东壁，现藏于美国大都会艺术博物馆。浮雕刻画了孝文帝在诸王、近侍、宫女和御林军的簇拥下，前行礼佛的场面。与云冈石窟相比，礼佛图具有突出的本土特色，体现了民族文化与外来佛教艺术的有机融合。与之对应还有《皇后礼佛图》，现存美国纳尔逊艺术博物馆。

大卢舍那像龛全景

　　该龛是龙门石窟规模最大、技艺最为精湛的摩崖造像。约于唐高宗初年开凿，咸亨三年（公元672年）皇后武则天曾赞助脂粉钱两万贯，上元二年（公元675年）完工。龛内雕一佛、二弟子、二菩萨、二天王及力士等造像。主尊卢舍那佛高17米，身着袈裟，面容丰满秀丽，像龛整体布局得当，雕工精湛，显示了盛唐雕塑艺术的辉煌成就。

12. 五台山南禅寺

寺院鸟瞰

　　南禅寺由于位置偏僻，侥幸逃过了历次灭法运动，寺内大殿是我国现存唯一一座建于武宗灭法之前的唐代建筑。寺院坐北朝南，由两座并列的单进四合院组成，西院现存山门（观音殿）、东西配殿（菩萨殿和龙王殿）和大殿，东院尚有阎王殿一座。除大殿外，均为明清建筑。

大殿内景

大殿内现存一铺较完整的唐代造像，中央为释迦牟尼佛、二弟子及胁侍菩萨，西侧是青狮之上的文殊菩萨及供养童子，东侧是白象之上的普贤菩萨及象童、供养童子。外侧两端另有天王及胁侍菩萨。中央莲台之上原有供养菩萨两尊，20世纪90年代与一尊狮童均被盗走，迄今下落不明。此外，殿内西壁原有十殿阎君壁画，现揭取存于龙王殿内。

天王特写

南禅寺造像虽历经千年，但仍较好地保持了唐代原貌，特别是胁侍菩萨与天王，风韵依旧。天王体态雄健，头戴宝冠，身披铠甲，面部呈敦实的梯形，双眉紧锁，怒目圆睁，十分孔武有力。面部细节的塑造别具匠心，左眉微挑，威严中又有一丝灵动的生气，十分精彩。

13. 五台山佛光寺

佛光寺东大殿

佛光寺在隋末唐初已是一方名刹，会昌灭法时被夷为平地，至大中年间，由长安城内以宁公遇为首的权贵捐资复建。现存东大殿为单檐庑殿顶，面阔七间，进深四间，是我国现存唐代建筑中唯一一座能较充分反映唐代官式建筑风格与形制的珍贵遗存。

东大殿内景

东大殿内部佛坛之上现存唐代塑像三十余尊，包括三尊主佛、文殊菩萨、普贤菩萨、胁侍菩萨、供养菩萨、力士天王等。造像虽经重妆，但仍大体保持了唐代原貌，是目前唐代佛寺造像中保存最完整的实例。殿内顶部还可见典型的唐代平闇天花，此外沿山墙还有两百余尊明代塑造的罗汉像。

林徽因与宁公遇塑像

近代以来，针对佛光寺的考察研究最早始于日本学者小野玄妙、常盘大定、关野贞等人，小野玄妙还曾于 20 世纪 20 年代到达佛光寺进行实地考察，但日本学者均未能确证其为唐代建筑。1937 年 6 月，中国营造学社成员梁思成、林徽因等人前往五台县豆村考察，最终确认了东大殿的创建年代，其间林徽因还曾与佛殿创建者宁公遇塑像合影留念。

14. 平遥镇国寺

万佛殿

镇国寺内的万佛殿创建于北汉天会七年（公元963年），面阔三间，进深三间，单檐歇山顶，殿身前后当心间开门，前檐稍间设窗。建筑风格古朴，柱头采用硕大的七铺作斗拱，木结构保存完好，是现存五代建筑的典型代表。

佛坛

殿内佛坛上有一佛、二弟子、四菩萨、二天王、二供养童子，共十一尊塑像，塑造精美，保存完好，均为五代原作。中央为结跏趺坐的释迦牟尼佛，右手持无畏印，左手持触地印。肢体圆润饱满，修长健硕，唐风犹在。身侧二弟子微微内倾，仿佛在聆听教诲，十分生动。

胁侍菩萨像

殿内两尊胁侍菩萨造型精湛，沉静柔美，堪称五代佛教雕塑的最佳代表。菩萨脸颊饱满，肢体丰润，体态呈S形，柔和而富有动感，右臂轻举，手部轻柔张作兰花状。上身袒露，仅项间系一条帔巾，轻薄柔软的羊肠大裙贴着身体飘拂而下，衣褶灵动流畅，如水银泻地。

15. 太原晋祠

圣母殿

晋祠原为供奉晋国始祖唐叔虞而建，圣母殿建于北宋仁宗时期，内奉周武王的妻子、唐叔虞的母亲邑姜，故而得名圣母殿。建筑面阔七间，重檐歇山顶，造型雄浑而不失秀美，殿内尚存四十三尊彩塑，造型生动，神态优雅，是宋塑中的精品。殿前水池上有一座石木混合结构的十字桥，称为鱼沼飞梁，也是宋代遗物。

献殿

圣母殿南向有金大定八年（1168 年）所建，用于放置祭品、举行祭祀典礼的殿宇一座，称为献殿。殿身面阔三间、进深三间，单檐歇山顶。建筑四壁透空，仅以栅栏分隔，造型简洁明快，是金代建筑中的佳品。

绍圣四年金人像

献殿南向有神台一座，四角各有一尊铸铁力士像。因铁为五金之属，故被称为金人台。四尊金人均铸造于北宋时期，但后期多有修补更替，其中西南隅铸于北宋绍圣四年（1097 年）的金人保存完整，造型刚健有力，用料上乘，虽距今近千年，依旧光可鉴人。铸造金人有护卫圣母之意，同时依五行理论，金能生水，也寓意此处水源兴旺。

墓室原状

陈国公主墓是罕见未被盗扰的高等级辽代贵族墓，其葬制、随葬品均与中原地区差异很大。墓葬位于内蒙古通辽市，墓室为四室两进格局，前室为长方形，内绘天象图、流云仙鹤及仆役数人。左右耳室内有大量精美随葬品，后室中公主与驸马仰卧尸床之上，均头戴金冠，遮覆面具，身着银丝网衣与银靴，遍饰各类珠翠宝石。

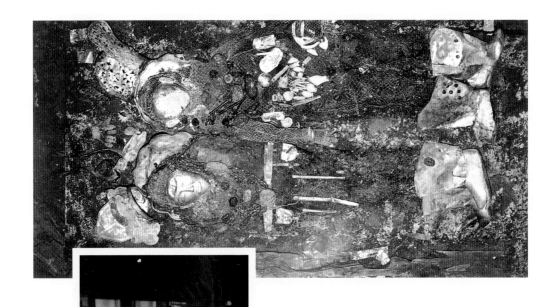

高翅鎏金银冠

出土时佩戴于陈国公主头部，为高筒形，圆顶，四面镂空。银冠前方中央錾刻火焰宝珠一枚，两侧为翔凤，两边立翅之上亦有翔凤图案。冠顶部是鎏金元始天尊银造像，背靠祥云背光，端坐于六叶莲台之上。鎏金银冠的制作工艺是先用银片分别捶制成各部分样式，鎏金后进行镶嵌、缝缀成型。

纯金面具

出土时覆盖于公主面部,脸型丰满,神态安详。辽代贵族丧葬惯用面具,依等级不同,有金、银面具和鎏金铜面具等。面具制作时先依照死者脸型制作模具,然后将金属片覆盖其上,捶制而成,眉眼部分会细致锤錾,力求与死者真容相同。面具边缘有小孔,使用时以银丝连接网衣,予以固定。

蓟县独乐寺

独乐寺山门

现存山门建于辽圣宗统和二年(公元984年),为辽代原物,单檐庑殿顶,面阔三间,进深两间,中心一间开门,殿内两侧还有两尊辽代金刚力士塑像。山门的设计十分巧妙,位置正对观音阁,观者站立于山门中央时,观音阁恰好占据了人的整个视野,形成了强大的视觉冲击力,具有突出的艺术效果。

观音阁

观音阁是一座二层木结构建筑，面阔五间，进深四间，单檐歇山顶。斗拱雄大，颇具唐代遗风。阁内木结构设计非常巧妙，通过梁枋交叉，形成了一个贯通两层的菱形空间，其内容纳了高达 15.4 米的十一面观音造像。以观音阁居中的寺院布局模式体现了中唐之后以佛阁供奉大像的流行风尚。

十一面观音像

观音阁内的十一面观音像及下部两尊胁侍菩萨，均为辽代原物，虽经后世重妆，但整体保持了原貌。十一面观音造像源自唐代密教体系，最大特征为头部有十一个颜面，其中十面表示"十地"，最顶一面，表示十地之上的无上正等正觉，即最高的智慧觉悟。中唐之后，此类造像曾广泛流行于中国与日本等地。

18. 易县奉国寺

奉国寺全景

奉国寺始建于辽开泰九年（1020 年），寺内大雄宝殿为辽代原构。大殿雄踞于高达 3 米的台基之上，单檐庑殿顶，面阔九间，进深五间，总建筑面积一千两百余平方米，是国内现存最大的辽代木构建筑。寺院整体坐西面东，体现了契丹族的尚东习俗，院落中轴线之上还有山门、牌楼、天王殿等建筑，均为清代修建。

大雄宝殿内景

大雄宝殿内供过去七佛，均为辽代原物。殿内空间开阔，七佛通高均在 9 米以上，高大庄严，神态慈祥，极为壮丽。以七佛为主尊的供奉模式也是国内仅存的孤例，反映了辽代佛教信仰特征。佛像左右各有胁侍菩萨一尊，相对而立，合计十四尊。佛坛东西两端，还各有护法天王像一尊，拄杵昂首，刚劲威武。

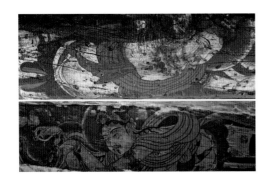

飞天彩画

大殿木构件表面，现仍存部分辽代彩画原迹，可以生动反映唐宋之际建筑装饰艺术风格的演化轨迹。尤以梁栿之上的飞天最为秀美，各尊飞天普遍面相丰腴，动作轻盈，色彩鲜明绚丽，是国内保存完好的辽代绘画艺术品代表。

远眺大雄宝殿

　　大殿为上寺正殿,建于金天眷三年(1140年),面宽九间,进深五间,面积达一千五百余平方米,是现存最大的金代佛殿。建筑同样坐西朝东,居于4米有余的高台之上,较之奉国寺大殿,因采用了"移柱"作法,使室内空间更加开敞壮阔,殿内现存明代塑造的五方佛与二十诸天等。除大殿外,上寺内其他建筑均为清代或近期重建。

金代鸱吻

　　大雄宝殿北侧鸱吻为金代原物,虽经局部修补,仍大体保持了原貌,是十分珍贵的早期建筑装饰遗存。本时期是中国脊部装饰的转折期,正逐步由鸱尾的鱼形转变为鸱吻的龙形。该鸱吻的下部已出现典型的龙首、龙身形象,但上部则仍保持了近似鱼尾的造型,生动体现了这个转折趋势。

薄伽教藏殿"合掌露齿菩萨"

　　薄伽教藏殿是下寺正殿,原为供奉经藏之处,是现存最完整的辽代建筑。大殿建于辽重熙七年(1038年),殿内佛坛上布列辽塑三十一尊,最著名的是"合掌露齿菩萨"。该尊胁侍菩萨立姿微倾,面貌丰满,婉丽动人。殿内的天宫阁楼是现存唯一的辽代木构模型,被梁思成先生誉为海内孤品。藻井、平棊天花等亦是辽代旧物。

20. 大同善化寺

三圣殿

三圣殿建于金天会六年（1128年），居于高约1.5米的砖砌台基之上，面阔五间，进深四间，单檐庑殿顶。建筑造型精巧，整个檐部起翘明显，如飞鸟展翅，充满了跃动感。斜拱林立，如鲜花绽开的补间铺作也极富装饰性。殿内佛坛上的华严三圣为金代原塑，后期曾有重妆，但旧貌犹存。

大雄宝殿毗卢遮那佛

大雄宝殿内现存金代原塑五方佛一铺，包括五佛及二弟子、胁侍菩萨等。居中为毗卢遮那佛，结跏趺坐，高居于须弥座之上，双手持最上菩提印，顶部为明代完成的木制藻井。造像肢体雄健，面部宽阔饱满，呈现了较典型的金代造像风格。殿内还有明清时期完成的二十四诸天像及壁画等文物遗存。

普贤阁

普贤阁位于善化寺中部西侧，建于金贞元二年（1154年），是国内现存唯一的金代多层楼阁建筑。面阔三间，进深三间，平面呈方形。重檐歇山顶，分为上下两层，中间以平座层衔接，采用了辽金时期典型的多层木结构做法。造型端庄持重，与正定隆兴寺宋代楼阁建筑颇有类似之处。

21. 朔州崇福寺

弥陀殿

弥陀殿是寺内正殿，建于金皇统三年（1143年）。面阔七间，进深四间，单檐歇山顶，屋顶以黄绿琉璃瓦装饰，坐落在 2.4 米高的宽阔台基之上。大殿前檐隔扇门窗是现存最精美的金代门窗实物，佛坛上有一铺塑像，皆为金代原作，十分珍贵。

护法金刚像

殿内佛坛之上有"西方三圣"造像三尊，两侧为胁侍菩萨四尊，护法金刚两座。其中东侧金刚头戴宝冠，身披铠甲。肌肤为深枣红色，面部轮廓分明，怒目圆睁，双唇微张。右手斜伸，持杵拄地，左手大张。造型十分生动，似在呵斥、拦阻邪魔外道。

供养菩萨像

弥陀殿内现存三百余平方米的金代壁画，以佛、菩萨为核心，画风古朴，是金代佛寺壁画的代表作之一。其中，佛像绘制较为简约大方，而供养菩萨则极尽细腻繁复，普遍花冠高耸，璎珞遍身，各处频繁贴金，十分富丽堂皇。同时，面容绘制为男像，更是中晚期佛教壁画中罕见的手

 正定隆兴寺

摩尼殿

　　摩尼殿坐落于寺院中轴线前部，始建于宋仁宗皇祐四年（1052 年），总面积达 1400 平方米。大殿造型瑰奇，为国内孤例。主体采用重檐歇山顶，面阔七间，进深七间，平面近方形。在四向各出抱厦一座，形成了独特的十字造型。殿内供奉宋代释迦牟尼佛与二弟子塑像，及明代悬塑渡海观音一铺，四壁还有明清时期壁画留存。

大悲阁原貌

　　大悲阁原建于北宋开宝四年（公元 971 年），与其内的观音像同期完成。后期历经风雨，至清末已残败不堪，民国时期正定当地士绅予以重修，在北宋楼阁的基础上，修缮成一座三层五檐歇山顶楼阁建筑。至 20 世纪 90 年代，以不堪维修为由予以拆除，新建了一座全新的仿宋风格楼阁，即为现今的大悲阁。

千手千眼观音像

大悲阁内供奉有铸铜"千手千眼观音菩萨"，是北宋开宝四年（公元971年）时太祖赵匡胤敕令铸造。造像站立于2.2米高的须弥座之上，高21.3米，共四十二臂，两手胸前合十，身体左右各有二十只手臂（现今四十臂均为后期补修），各持法器。铜像身躯高大，比例匀称，是中国现存最大的古代铸铜造像。

23. 大足石窟

数珠手观音像

大足北山石窟中的菩萨造像普遍神态沉静，造型柔美，极具亲和力。136窟的观音像作于南宋绍兴十六年（1146年）。造像以女性形象出现，身材修长，头戴繁丽花冠，身披天衣，赤足站立于莲台之上，因右手提数珠，故得名数珠手观音。

千手千眼观音像

位于大佛湾南岩 8 号的千手千眼观音像雕凿于南宋中后期，观音全跏趺坐于莲台之上，头戴四十八佛宝冠，身披天衣，双手合十。造像身后的 88 平方米崖面上刻有八百三十只手、眼，手持各类法器，无一雷同。造像集雕塑、彩绘、贴金于一体，状如孔雀开屏，金碧辉煌，绚丽非常。

六道轮回图

位于大佛湾南岩，中央是高达 5.2 米的无常鬼王，横眉怒目，手抱六趣轮盘，中央佛像化出六道金光，将轮盘分为六个区域，内圈六区分别代表了天、人、阿修罗、畜生、饿鬼、地狱共六道。外圈象征了人间生活及六凡众生的往生情况，通过生动的形象，充分宣扬了佛教轮回往生的理论，是石窟造像中较为罕见的题材。

24. 应县佛宫寺释迦塔

整体剖切

释迦塔是纯木结构楼阁式佛塔，外观五层，内部设有四个平座暗层，实为一座九层宝塔。五层楼阁自下向上分别供奉了以释迦牟尼佛为核心的过去七佛、华严三圣、四方佛、释迦与二弟子二菩萨、毗卢佛与八大菩萨等，完整反映了辽代盛期的皇家宗教信仰特征。

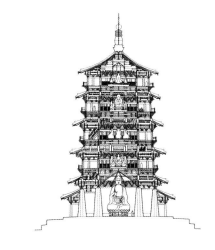

一层供奉空间

佛塔一层为南北贯通的塔心室，较好地保持了辽代原貌，是佛塔保存较为完整的空间之一。内部供奉着一尊高达 11 米的释迦牟尼佛造像，四周墙体之上绘制有六佛壁画，共同组成了辽代流行的过去七佛概念。南北向入口两侧还绘有二弟子、天王、供养人等，室内顶部为八边形木构藻井，造型精巧，做工细腻。

壁画飞天

塔内壁画集中绘制于一层塔心室内外，以六佛为核心，各尊佛像神态庄严沉静，而翱翔于六佛身侧的飞天则生动许多。细观可见，各尊飞天姿态各异，手捧各类供奉，环绕诸佛上下盘旋，样貌秀美端庄，肢体丰腴，尚存唐代遗风。

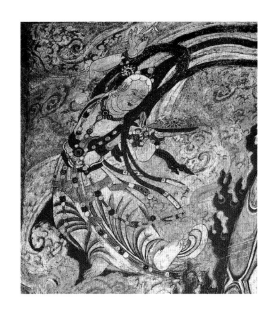

25. 芮城永乐宫

三清殿

三清殿是永乐宫的正殿，供奉道教最重要的三位尊神：元始天尊、灵宝天尊、太上老君，合称三清。建筑面阔七间，进深四间，单檐庑殿顶，高居于二层台基之上。殿内四壁满布壁画，总面积达四百余平方米。画面上共有人物二百八十六位，成队列分别自南向北行进，表现了诸神朝觐元始天尊的场景，故得名《朝元图》。

《朝元图》白虎星君

壁画绘于三清殿内南向西侧，白虎星君是道教重要的护法神，通常与青龙星君共同出现。图中白虎星君头戴束发宝冠，右手持矛，左手捏宝珠，身披重铠，足蹬战靴，身后还有若干手持兵器的侍从随行，脚下一只白虎正在嘶吼。白虎星君气宇轩昂，神情威严，是《朝元图》中特别出色的人物形象。

《朝元图》局部

图中星君以文臣形象出现，头戴梁冠，身着朝服，手持笏板。有回首相望者、低眉稽首者、直视前方者，均姿态生动，气势庄严。捧宝侍女则衣饰华丽，肌肤丰腴，神情端庄。画面设色以蓝、白、红、金为主，绿色、黑色穿插其间，对比强烈，但又不失和谐。衣纹线条用笔劲健流畅，衣带飞舞飘逸，有如满墙风动。

东路大政殿

大政殿的造型颇为奇特，是一座类似幄帐外观的建筑。一般认为，该建筑是后金政权早期受到蒙古文化与起居习俗影响的结果。现存建筑为乾隆时期重修，八边形重檐攒尖顶，外部设围廊，居于单层须弥座之上。殿内中央为御座，顶部为梵文天花藻井，均为乾隆时期的遗物。

中路崇政殿

崇政殿是中路建筑群的核心，五开间，单层硬山顶，内设御座。建筑形制较为简陋，装饰内容也富有民间特色，体现了后金政权在财力与技术力量上的地方化特色。同时细部做法上还具有浓厚的藏传佛教建筑特色，如前檐的方柱、大雀替等做法，体现了后金政权与蒙古各部的密切交往。

凤凰楼

崇政殿之后是皇宫的寝区，位于一座 3.8 米高、62 米见方的高台之上。南向设有唯一的入口，入口处是名为"凤凰楼"的三层重檐歇山顶木楼阁，具有明显的防卫警戒特征，体现了早期高台建筑传统的延续。寝区内的正殿称为清宁宫，宫内设有萨满教神堂，此种做法后期也直接影响了北京故宫坤宁宫的设置与使用。

27. 天坛

圜丘

圜丘坛是明清帝王举行冬至祭天大典的场所，圜丘以正圆形象征上天，共三层，延续了汉唐以来露天设坛祭祀的制度。明代的圜丘三层均以蓝色琉璃砖包砌，至清乾隆时改用青白石台面，配用汉白玉柱栏，整体色彩由天蓝色转为白色。圜丘所用台面石板、栏板、台阶等的数目均为九或九的倍数，象征了中国传统文化中的"天"数。

祈谷坛

祈谷坛是一座坛殿合一的圆形建筑，始建于明永乐十八年（1420 年），用于举行孟春祈谷大典。下部的祭坛与圜丘类似，同为三层，中央设置殿宇一座，即祈年殿。大殿造型为三重檐圆形攒尖顶，明代时上檐为青色，象征苍天；中层檐用黄色，象征大地；下层檐用绿色，象征万物。到清乾隆时期均改为青蓝色，取得了更为统一的艺术效果。

斋宫正殿

斋宫是皇帝举行祭天大典前进行斋戒的场所，位于祈谷坛西南隅。宫内以无梁殿为正殿，建于明代，绿琉璃瓦单檐庑殿顶，采用砖拱券结构，可以起到很好的防火、防御功能。殿内陈设朴素，明间悬乾隆皇帝御笔"钦若昊天"匾，表达了天子对皇天上帝的虔诚之心。

28. 解州关帝庙

御书楼

建筑始建于明代，是正殿的前导，现存台基为明代遗物，楼体为清康熙至乾隆时期完成。楼体平面呈正方形，高17米，二层三重檐歇山顶，屋顶遍饰绿琉璃瓦。建筑造型新颖，前后檐均出抱厦，前檐采用了罕见的单檐庑殿顶造型，后檐为卷棚歇山顶。

崇宁殿

崇宁殿是解州关帝庙的正殿，因北宋崇宁三年（1104年），徽宗赵佶封关羽为"崇宁真君"而得名。大殿建于清康熙时期，高居于砖台基之上，前设宽阔月台。建筑面阔五间，带周围廊，廊下为盘龙石柱，雕工精美生动。屋顶为绿琉璃瓦重檐歇山顶，造型清爽，颇具古风。大殿明间还悬挂有乾隆帝手书"神勇"匾额。

春秋楼建筑群

春秋楼位于庙宇中轴线末端，因关公夜读《春秋》而得名，与崇宁殿形成了前朝后寝的格局，体现了关帝庙模仿宫殿建筑的规制特色。建筑群始建于明万历年间，现存建筑为清同治九年（1870年）重修。院落前导为气肃千秋坊，左右为刀楼、印楼，最后为春秋楼，内部供奉有关羽夜读春秋像。

29. 十三陵长陵

长陵祾恩殿

长陵祾恩殿为重檐庑殿顶，满铺黄琉璃瓦，面阔九间，进深五间，象征着皇帝"九五"之尊。建筑高居于三层汉白玉须弥座台基之上，整体尺度与故宫太和殿、太庙前殿不相伯仲，是现存以规模著称的三座明代单体建筑之一，虽经清乾隆时期重修，但仍保持了明代早期建筑的整体风貌。

祾恩殿室内

祾恩殿室内采用满堂柱构造，摒弃了辽宋以来常见的减柱、移柱做法，体现了明代建筑以恢复古制为追求的特征。主要用材均为金丝楠木，明间中央四根大柱的直径更达1.17米，高约23米，用材之巨，质量之精，在现存明清建筑中绝无仅有。殿内原设有大型神龛，供奉成祖朱棣与徐皇后的神位，各类祭祀均于殿内举行。

方城明楼

与孝陵相比，长陵方城明楼在尺度与造型上差异明显。明楼虽然仍保持了重檐歇山顶造型，但面阔大为缩减，不再模仿多开间宫殿建筑，转而采用正方形平面的碑楼样式。下部方城仍保持单门道做法，但尺度也大为缩减，与上部明楼相匹配。以长陵为起始，此种方城明楼样式成为明清历代帝后陵寝的通行规制。

30. 菩陀峪定东陵

定东陵

位于清东陵内,是咸丰帝两位皇后的陵寝,也是清代唯一的双后并列陵寝。孝贞显皇后慈安陵称"普祥峪定东陵"(图中下侧),孝钦显皇后慈禧陵称"菩陀峪定东陵"(图中上侧),两陵并列于咸丰帝定陵之东,统称为定东陵。双陵建制原本完全一致,但慈安死后,慈禧于光绪二十一年(1895年)大肆翻修自身陵寝,各类装饰及用材多有更动。

隆恩殿丹陛石刻

隆恩殿的丹陛石刻也完成于光绪重修时期,造型优美,工艺精湛。图案布局极为特殊,将象征慈禧本人的翔凤安置于上方,从天而降;而象征着咸丰帝的行龙则处于下方,抬头仰望高高在上的翔凤。此种布局可谓世所仅见,明显有逾制之嫌,也直接反映了慈禧太后大权在握、志得意满的微妙心理。

室内装饰

慈禧陵在光绪重修时，各类装饰均焕然一新，极尽奢靡。建筑彩画突破旧有规制，以和玺彩画为核心，创造了一种前所未有的新型样式，以红色为底，纹样全部贴金。殿内墙体满铺精美砖雕，砖雕表面也遍饰金箔。放眼望去，流光溢彩，令人目眩神迷。

31. 洪洞广胜寺

飞虹塔

广胜上寺飞虹塔是中国现存最大、最华丽的琉璃砖塔，于明嘉靖六年（1527年）创建，天启二年（1662年）增修底层副阶，并在塔身之上遍饰琉璃。佛塔为八角形砖仿木楼阁式，共十三层，总高47米，塔身入口安置了一座十字歇山顶的门楼，内部为塔心室。

飞虹塔琉璃装饰

　　飞虹塔各层均饰有琉璃构件，其中一层与各偶数层檐下安置琉璃斗拱，各奇数层则改为莲瓣造型。各层供奉内容不同，以一二层最为华丽繁复。图示二层琉璃装饰下部为平座，上部安置勾栏，中央火焰券内是骑青狮的文殊菩萨。前置护法力士，左右有供养菩萨及佛塔、宝瓶造型，上部为仿木垂莲柱及莲瓣装饰。

毗卢殿

　　上寺佛殿以毗卢殿最具特色，殿宇面阔五间，单檐庑殿顶，以黄绿琉璃剪边装饰。建筑造型古朴，正脊短促，四坡高耸，木构梁架用减柱造，手法粗犷，具有典型的元代民间建筑特征。殿内供奉有三世佛及胁侍菩萨、护法金刚等造像，沿四壁设有精致的木制神龛，并有大面积明代壁画。

32. 法海寺

大雄宝殿

　　寺院位于北京石景山区，始建于明正统四年（1439年），由御用监太监李童兴建，落成后英宗赐名法海禅寺。寺院坐北朝南，依山而建，现仅存山门、大雄宝殿。大雄宝殿面阔五间，单檐庑殿顶，黄琉璃瓦剪边。殿内壁画是中国明代壁画艺术的杰出代表，也是北京现存历史最悠久、保存最完整的壁画。

《水月观音像》

　　大雄宝殿内至今完整保留着初建时的明代壁画，包括十方佛、八大菩萨、十二圆觉菩萨、二十诸天等，是明代宫廷绘画风格的典型代表。扇面墙北向是壁画最精彩的三大士部分，画面以水月观音居中，普贤、文殊分居东西两侧，周围环绕善财童子、韦陀、狮、象人等，诸尊神态恬静淡雅，绘制细腻生动，体现了极高的艺术水准。

天王殿旧照

　　天王殿现已塌毁无存，旧照中可见天王殿内的西方广目天王和南方增长天王。造像均高居法座之上，脚踩鬼卒，手持兵器（已失），气势雄健，造型生动，具有典型的明代皇家造像风格。图中还可看到一口铜钟，钟体密布梵文经咒，是罕见的精美法器。此钟侥幸留存至今，现于寺内展出。

33. 真觉寺金刚宝座塔

佛塔全景

佛塔完成于明成化年间，清乾隆时期曾有大修，是国内现存同类塔中最大、最精美的一座，堪称明代建筑与雕饰艺术的代表，也是中外文化交融的典范。金刚宝座塔的样式源自外域，以印度佛陀伽耶大塔为蓝本，用来纪念释迦成道。佛塔下层是须弥座及五层塔身，塔身密布佛龛，龛内雕饰金刚界五佛。塔身之上安置了五座小塔及罩亭。

塔身佛龛

佛塔塔身分为五层，每层均由仿木结构佛龛与上部檐口组成。佛龛造型华丽，各龛均以立柱分隔，立柱下部为宝瓶，宝瓶内盛莲花，莲花之上为倒锥形柱，顶部为仰莲，托举起最上部的一斗三升斗拱。两柱间为火焰券门，门内佛陀造像端坐于莲台之上。图中所见主尊为持智拳印的毗卢遮那佛。

上部佛塔雕饰

佛塔塔身之上树立着五座小塔，中塔十三层，外围四塔均为十一层，各塔造型类似密檐塔。底部为须弥座，束腰部分雕饰象征金刚界五佛的法轮、金刚杵、狮子、孔雀等图案。首层塔身最为高大，四面中央均为佛龛，内奉释迦牟尼佛。佛龛两侧是胁侍菩萨及菩提树，再次强调了纪念释迦成道的概念。二层及以上塔身均雕饰为小型佛龛及檐口。

34. 五台山

台怀镇核心区

五台山地区自北魏时期已有佛教活动，盛唐时期，作为文殊菩萨道场的五台山得到了极大推崇，寺院营建盛极一时。至明清之际，五台山依旧繁荣，以显通寺、塔院寺为代表的汉传皇家寺院，以菩萨顶为代表的藏传皇家寺院，均是香火鼎盛。图中可见明万历时期敕建的塔院寺大白塔、显通寺建筑群以及远山之巅的菩萨顶真容院建筑群。

显通寺金殿建筑群

显通寺是五台山最大的汉传佛寺，相传创建于东汉时期，时名大孚灵鹫寺，至明代敕赐为大显通寺。寺内中轴线上有主要殿宇七重，后部金殿为铜铸鎏金，造于明万历三十八年（1610年），是国内保存较好的铜殿之一。金殿周边还有象征台山五峰的五座铜塔，以及两座小型砖拱券无梁殿，亦完成于同期。

菩萨顶大文殊殿

菩萨顶又名真容院，是五台山最重要的藏传佛寺，高居显通寺北侧灵鹫峰之上。清代是统领全山藏传佛寺的札萨克大喇嘛驻锡地，康熙帝与乾隆帝朝觐五台山时多留宿于此。寺内主要建筑以黄琉璃瓦覆顶，地位尊崇可见一斑。大文殊殿为三开间带周围廊，单檐庑殿顶，专门供奉台山主尊文殊菩萨。

35. 雍和宫

法轮殿

　　法轮殿建于清乾隆九年（1744 年），由雍亲王府的寝殿改建而来。建筑造型十分新颖，主体为单檐歇山顶，面阔七间，前出五间卷棚歇山顶抱厦。主体屋顶在脊部和两坡共设五座天窗，窗上置五座鎏金宝顶，极具藏传佛教特色。殿内供奉宗喀巴大师像，还陈设着乾隆皇帝诞生第三日所用"洗三盆"。

万福三阁

　　万福三阁是雍和宫最后一进大殿，中央主楼为三层，左有延绥阁，右有永康阁，以阁道相连，颇具古风。建筑主体是乾隆时期自景山迁建而来，初期中央楼阁内曾供奉有近万尊小型佛像，因"佛""福"发音近似，故而得名"万福阁"，现今阁内供奉着高达 18 米的弥勒菩萨像。西侧延绥阁内安置有开花现佛装置，东侧永康阁内则为八角形转轮藏。

弥勒大佛

　　该像供奉于万福阁之内，是现存最大的清代独木雕刻佛像。主体由单根白檀木制成，总长 26 米，其中地上 18 米雕为佛像，地下 8 米立为基础。木材相传由七世达赖进献，于乾隆十八年（1753 年）在北京雕刻完毕。弥勒大佛为立像，头戴五叶宝冠，身着长裙，全身遍饰璎珞，双目微垂，神态庄严肃穆。

36. 承德外八庙

普陀宗乘之庙

该庙是外八庙中规模最大的建筑群，建成于乾隆三十六年（1771 年），是乾隆帝为了庆祝自己六十寿辰和崇庆皇太后八十寿辰，特意仿布达拉宫而建。"普陀宗乘"就是梵语"布达拉"的音译转写。寺庙依山而建，坐北朝南，主体建筑大红台位于山巅，通高 43 米，中央为万法归一殿，殿顶满铺鎏金铜瓦。南向平顶式碉房和佛塔随山势自由分布，呈现了较典型的藏式佛寺布局。

须弥福寿之庙妙高庄严殿

该庙是乾隆帝为迎接六世班禅入觐朝贺其七旬寿诞而建，完成于乾隆四十五年（1780 年）。寺院样式仿照扎什伦布寺，但又渗入了明显的汉传佛寺特征，主体建筑大红台居于全寺正中，台内的妙高庄严殿共三层，重檐攒尖鎏金顶，脊部安置八条行龙。后部山巅还有一座八角七层琉璃宝塔。同期还修建了北京香山宗镜大昭之庙，与之非常类似。

普宁寺千手千眼观音像

造像供奉于普宁寺大乘之阁内，通高 27.21 米。观音菩萨头戴宝冠，站立于莲台之上，共四十二臂，除双臂于胸前双手合十外，剩余四十臂均持法器，于背后环状伸展。造像为空心木结构，正中使用一根柏木中心柱，外围以木板雕刻衣纹。造像比例匀称，纹饰细腻，神态庄严，是我国大型佛教雕塑的代表性作品。

167

37. 武当山

治世玄岳坊

　　治世玄岳坊创建于明嘉靖三十一年（1552年），为三间四柱五楼式石牌坊，是进入武当山的第一道门户，所以又得名玄岳门。治世玄岳指的是通过尊奉真武大帝与武当山（即玄岳）来治理天下。牌坊做工精细，雕饰精美，主要以富有道教特征的仙鹤、八仙等图案进行装饰。

紫霄宫大殿

　　紫霄宫是武当山现存最完整的明代道教宫观，三进院落顺山势而建，中轴线上主要建筑包括龙虎殿、紫霄大殿、圣父母殿等。紫霄大殿为宫内正殿，面阔五间，是武当山唯一留存至今的明代高等级重檐歇山顶木构大殿，建筑高居重台之上，气势巍峨。紫霄殿后的圣父母殿供奉真武大帝的父母，是十分罕见的供奉内容。

金殿

　　金殿位于天柱峰顶，始建于永乐十四年（1416年），是中国现存最大、等级最高的铜铸鎏金大殿。金殿置于石质须弥座之上，坐西朝东，面阔三间，进深三间，高5.54米，造型为仿木结构重檐庑殿顶。殿宇铸造精细，结构严谨，殿内供奉真武大帝坐像，后壁悬挂清康熙帝楷书"金光妙相"匾额。

38. 颐和园

万寿山

　　万寿山前山以佛香阁与智慧海为核心，后山是名为"须弥灵境"的藏传佛教建筑群。须弥灵境与承德普宁寺大致同时兴建，格局也颇为相似。建筑群由北向南依次升高，分别以大型佛殿和楼阁为中心（已毁），乾隆时期楼阁内供奉有大白伞盖佛母造像。楼阁后部是依据须弥山概念而建的四大部洲、八小部洲、日月殿等建筑。

谐趣园

　　清代康乾时期，皇家园林中兴起了一股写仿江南风景、设置园中园的热潮，如颐和园内的谐趣园即仿自无锡寄畅园。园内共有亭、台、堂、榭十余处，园内东南角有一石桥，名为"知鱼桥"，是引用了庄子和惠子的"濠梁之辩"典故而来，颇为风雅闲逸。

十七孔桥

　　该桥建于清乾隆时期，是颐和园内最大的石桥，长150米，由十七个桥洞组成，飞跨于东堤和南湖岛之间。桥东端起始处是一座名为"廊如亭"的八角重檐亭阁，旁边还有一尊镇水铜牛。每年冬至前后，夕阳西下之时，落日余晖会照亮全部桥洞，这就是著名的"金光穿洞"奇观。

39. 拙政园

小飞虹

　　小飞虹位于拙政园中部，是江南园林中少见的廊桥。桥身微拱，顶部是青瓦风雨廊，朱红色的桥栏倒映水中，水波粼粼，宛若飞虹。此桥不仅是连接水面和陆地的通道，而且借助"对景"手法，构成了以桥为中心的独特景观。自桥身中央远眺，尽端就是拙政园的核心建筑——见山楼。

松风水阁

松风水阁位于小飞虹南侧，又名"听松风处"。古人常以松树指代有高尚道德情操者，以松风命名此建筑，意在以松喻志，强调主人对高洁品格的追求，由此也体现了文人士大夫园林作为人格与理想寄托的特征。此处坐石临流，透过小飞虹可远眺见山楼，是一处风景绝佳的所在。

与谁同坐轩

与谁同坐轩是拙政园西部重要的景观之一，采用了罕见的扇面造型。建筑朝向水面展开，与三十六鸳鸯馆及长廊相对。其名源自苏轼的《点绛唇·闲倚胡床》"闲倚胡床，庾公楼外峰千朵。与谁同坐，明月清风我"。体现了主人独坐轩内，欣赏万千风景，怡然自得又颇有几分孤寂的复杂心情，进一步凸显了明清私家园林中以景寄情的特征。

术语表

屋顶

即屋盖，建筑最上部的围护结构，传统木结构建筑中通常指不同造型的坡屋顶。常见有庑殿顶、歇山顶、悬山顶、硬山顶、攒尖顶等，是传统建筑三段式格局的上段。

屋身

指建筑中部以梁柱为核心支撑起来的使用空间，不同规模的屋身也代表了等级与身份的差异，是传统建筑三段式格局的中段。

台基

用于承载整座建筑的基础，多以夯土筑成，外部包裹砖石。台基高度与样式的变化，也体现了使用者的身份差异，是传统建筑三段式格局的下段。

大木作

木构建筑的主体结构部分，包括柱、梁、额、枋、檩、斗拱、椽、飞等。大木作是结构构件，配合台基，以承重为主要功能，形同人体骨骼，是建筑比例尺度与形体外观的核心决定因素。

小木作

也称装修，通常指与大木作配合使用的门窗、栏杆、天花、藻井、隔断等构件。主要起维护、装饰作用，类似于人体的肌肉与皮肤。

斗拱

中国传统建筑中最独特的构件，居于檐下，通过层层出跳来增大檐部伸出距离，并将屋顶重量传递到柱、额之上，是早期建筑尤为重要的承力构件之一，也是重要的立面装饰与等级象征，通常只用于高等级建筑。

铺作

宋代建筑大木作术语，有多重含义。一方面指斗拱，如柱头斗拱即称为柱头铺作。同时也指以出跳数量衡量的斗拱规格，出一跳为四铺作，两跳为五铺作，以此类推。

栌斗

斗拱最下部、用以支撑整攒斗拱的构件，也称为大斗或坐斗。

替木

位于斗拱顶部的长条形构件，多用以承托槫枋等构件，起到增大接触面、稳固结构的作用。

人字拱

早期斗拱做法，常用于檐下补间位置。在阑额之上以两根枋材斜向对置呈人字形，顶部置斗，用于承托檐槫。汉魏之际拱身取直线型，南北朝时转为曲线造型，唐之后则基本不再出现。

一斗三升

自下而上由一只大斗、一个横拱和三个小斗（升）构成的斗拱。属于不出跳斗拱，是斗拱中最简单的一种。横拱上部如承托两个小斗，则为一斗二升。

斗子蜀柱

即短柱之上加一小斗，唐宋之际常作为一种简洁的支撑做法用于檐下补间位置，与人字拱所起作用类似。后期逐步为补间铺作斗拱所代替。

云拱

即云朵状的拱形构件，主要起装饰作用，一般不用于承力。此种做法绵延千年，自唐代至晚清，均有实例出现。

假昂

唐末之后，昂的结构功能逐渐退化，出现了虽为昂的造型，但实际是附于出跳斗拱之上的装饰性木构件，称为假昂。如假昂与斗拱分立，可称为插昂。将华拱直接延伸为昂的造型，如圣母殿柱头铺作，则称为昂式华拱。

五架梁

传统木构中的梁是按照其上承载的总檩数或总椽数予以命名的，通常总檩数较总椽数多一，如芮城广仁王庙，下部大梁上承四椽、五檩。依宋代规则称为四椽栿，即清代的五架梁。其余均可以此类推，如宋代六椽栿相当于清代七架梁。

榫卯

榫头与卯口的简称，指传统木结构的连接构件及其工艺。木构件上凸出的连接部分称为榫，凹入的开槽则为卯。榫卯结构指构件的榫头插入其他构件的卯口中，使各构件连为一体，构建出完整的木构框架。

燕尾榫

亦称银锭榫，榫头造型是外大内小的倒梯形，可以有效拉结木结构，是大木构造中常见的榫卯做法。

正脊

位于屋顶中央最高位置、各坡面交汇处的屋脊，用于封闭坡面的交汇接缝，防止雨水渗漏。一般在两端会安置名为鸱吻或鸱尾的装饰物。

垂脊

用于歇山、悬山、硬山式屋顶之上，其上端与正脊吻兽呈九十度相交，下端在悬山、硬山顶中直接延伸至屋面檐口。歇山顶则延伸下来与戗脊相交。其功能同样是用于封闭坡面外侧，防止渗漏。

戗脊

又称岔脊，专用于歇山式屋顶。上端与垂脊末端呈四十五度相交，下端则延伸至檐口部位。其功能是用于封闭两坡面交汇处，防止渗漏。

山墙

沿进深方向布置，以维护作用为主的墙体。与之对应，沿面阔方向布置的墙体则称为檐墙。

庑殿顶

由四向聚拢的四个坡面构成，各坡面交汇处会施用一条正脊与四条垂脊，故而也称五脊顶。庑殿顶的出现早于歇山顶，后期逐渐成为最高等级建筑的象征。

悬山顶

又称两坡顶，即沿建筑进深方向前后各伸出一个坡面，是最常见的屋顶。悬山指屋面的两端会悬挑伸出在山墙之外，用以遮蔽风雨，保护木结构和墙体。

歇山顶

源自悬山顶，出现较晚，因其有一根正脊、四根垂脊、四根戗脊，也称九脊顶。歇山顶相当于在悬山顶四周增加了一圈副阶，以四坡形屋面与之组合形成了歇山造型。歇山顶样式华丽、变化丰富，后期成为仅次于庑殿顶的次高等级屋顶样式。

十字歇山顶

两座歇山顶通过十字交叉相接形成的复合式屋顶，常见于楼阁式建筑。

硬山顶

源于悬山顶，山墙为砖石砌筑，与土坯或木板墙相比，坚固许多，故得名"硬山"。两侧山墙会高出屋顶，将整个山面封闭起来，更好地发挥保护作用。硬山顶在宋代已出现，至明清时期得到普遍使用，成为民居和低等级建筑的常用做法。

攒尖顶

多见于面积较小的建筑之上。特点是屋面陡峭，自边缘向上聚拢升起，汇聚至中央安置宝顶。攒尖顶早在南北朝时期已出现，明清时期多见于园林风景建筑，或坛庙、宗教建筑。

棂花

指隔扇窗中以棂条组合成的图案，隋唐时期多以方形截面的棂条作简单平行排列，即直棂窗。至辽金时期日益复杂，图案变化万千，明清则多用毬纹造型。

破子棂窗

早期直棂窗的变种，棂条由方形截面改为三角形，以居中的尖端向外，宛如将棂条一破为二，故得名破子棂。较方形棂条更利于采光通风，造型也较为轻盈优美。

毬纹

亦称毬路纹，是宋代以来常用的装饰纹样，以多个圆形交叠成形如圆球的复合纹样。明清时多用于窗棂，常见以三根棂条组合而成的三交六椀毬纹棂花。

藻井

建筑室内顶部穹窿状的木结构装饰，源于汉代。彼时建筑顶部会设置井状结构，并于其上绘制水生植物，用来象征水源，避免火灾侵袭，故得名藻井。后期藻井则多与龙形结合，具有神圣的象征意义，仅用于宗教或皇家建筑中。

平棊

早期高等级天花做法，常见于宋代之前，造型为大型方格，内部绘制彩画并可贴络木雕等装饰，如华严寺薄伽教藏殿天花。

平闇

与平棊对应，等级较低的早期天花做法，采用密集均等的小木方格造型，一般不做华丽彩画，如佛光寺东大殿天花。

天宫楼阁

以缩小比例制作的宫殿楼阁建筑模型，置于藻井、轮藏、佛龛等处，用来象征天界中神佛的居所，多见于宋辽金时期的佛殿中。

牛腿

由斜撑演化而来，与立柱衔接，用于支撑檐部斗拱及梁架。南方地区常将其作为装饰重点，施用繁复雕饰，十分华丽。

雀替

小木作构件，一般用于外檐额枋与柱相交处，自柱内伸出承托额枋，可以改善受力，增强结构稳定性。至明清时期，多施用华丽雕刻，具有突出的装饰性。

鬼面瓦

南北朝至隋唐时期的流行做法，指安置于垂脊或戗脊端部，起封闭加固作用的大型瓦件，常做成兽面造型，亦称兽面瓦。

沥粉贴金

传统装饰工艺，将矿物质粉末与胶质混合而成的膏状物装入尖端有孔的器具内，按图案随形挤出，形成隆起的纹理，上面涂胶后贴以金箔，可以突出图案的立体感，多用于彩画、壁画、彩塑之上。

迦陵频伽

佛经所载善于歌唱奏乐的神鸟，亦称妙音鸟。敦煌壁画中将其描绘为人首鸟身，形似仙鹤，彩色羽毛，头戴宝冠，有的张翅引颈歌舞，有的抱持乐器演奏。

《考工记》

出自《周礼》，是中国先秦时期的重要文献汇集，保留了大量的手工业技术、工艺资料，记载了一系列生产管理和营建制度，其中的城市营缮制度对后期城市发展产生了深远影响。

土圹木椁墓

先秦至西汉时期流行的墓葬做法，先由人工挖掘形成土坑，即土圹，然后在坑内放置木制葬具，外层为椁，内部较小者为棺。

黄肠题凑

先秦至西汉时期最高等级的丧葬制度，指在椁室四周用柏木枋堆垒成框形结构。"黄肠"即去皮后呈黄色的柏木枋。"题凑"指木枋层层平铺叠垒，同时枋木与同侧椁室壁板垂直，头部均指向椁室。

坞壁

亦称坞堡，指动乱时期以民间为主，自行建设的防卫性建筑，往往外设高墙深垒，内有高台楼阁。新莽时期开始大量出现，一直延续至晚近，清代客家土楼亦可视为一种衍生类型。

烽燧

亦称烽火台、烟墩，是古代军事报警系统，多与长城并存，组成一个完整的军事防御体系。如有敌情，则白天燃烟，夜晚点火，是古代传递军事信息最快、最有效的方法。

佛殿窟

模仿木构佛殿造型与空间布置的石窟寺做法，是典型的本土化石窟风格。一般于石窟外部设置或雕凿木构建筑立面造型，内部模仿室内空间，还有设置多进空间，模拟寺院建筑群的做法。

大像窟

指石窟内以高大造像为核心、形似巨型佛龛的做法，典型如政治色彩浓郁的云冈昙曜五窟。

塔柱窟

一般于窟内中心位置设仿木结构的塔心柱或四面设佛龛的方柱，此种做法保留了较多印度石窟寺的意蕴，体现了佛塔作为崇拜物的早期特征。

东西堂制

东汉至南北朝时期，宫室正殿的东西两侧常设置两座次要殿宇，以东堂为核心，处理日常政务与典礼，正殿仅用于最重要的大典，西堂则为辅助用途。至隋唐时期，这种一字形并列格局逐渐转为纵列的三大殿布局，并沿用至明清。

三朝五门

出自东汉郑玄对《礼记》的注释，称"天子诸侯皆三朝，天子五门，皋、库、雉、应、路"，三朝历代解释不一，有将其解释为宫殿空间布局模式，也可指日常朝会制度。五门则指宫殿建筑群中轴线之上的各层门道。

同堂异室

东汉以来形成的皇家宗庙祭祀制度，诸帝不再单独设庙祭祀，而是统一于宗庙内设祭。祭殿建筑的室内分割为七间或九间，各间分别供奉祭祀历任帝王，即所谓同堂异室。

讲堂

亦称法堂、经堂，是南北朝以来伴随佛教世俗化而出现的专用建筑。专供经师讲经布道、僧众辩法学习而设。

楼阁式塔

约出现于东汉时期，仿照传统木制楼阁造型而来，上部可供登临游览。早期为纯木构或土木混合结构，至两宋之后逐步转为砖木混合或纯砖石结构。

密檐式塔

最早见于南北朝，盛行于辽金时期。佛塔底层较高，上部设七至十三层密集分布的檐口，均用单数，一般不用于登临眺望，更多地体现了佛塔作为宗教崇拜物的特征。

秀骨清像

出自唐代张彦远《历代名画记》，原用来形容南朝画家陆探微的绘画风格。现今多指南北朝时期人物造型所具有的面目清秀、轮廓分明的艺术特点。

褒衣博带

指南北朝时期汉族服饰的样式特点。彼时士人普遍着宽松袍服，系阔带，与紧身胡服形成鲜明对比，随后也直接影响了本土造像的衣饰风格。

外郭

指内城之外加筑的城墙及其围合的区域。封建城市中的内城一般供统治者及贵族官僚居住使用，外郭区域则多为庶民及商业设施所在。

里坊制

始于春秋时期的城市规划与管理制度，至唐代达到鼎盛。通过街道将城区分割为若干封闭的区块——"里"（北魏后称坊），外部环以高墙，定时开闭里坊大门，以此实现城市的有效管理。

坊巷制

以宋代东京城为代表的新型商业城市管理模式，城内沿街坊墙被打破、拆除，大量改为商业铺面，居民也可自由出入居住地。此模式金元之后被沿用，各城市内的区块虽仍以里坊命名，但仅存其名而已。

工字殿

宋元时期常见的高等级殿宇布置模式，用连廊将前后并列的两殿连接起来，呈工字型，故名工字殿。

攒宫

泛指皇室成员亡故后的暂存之所，以南宋皇陵最为典型。彼时南宋以恢复河洛为号召，为方便日后移灵，故不设正式陵寝，皇陵构造简易，称为攒宫。

套兽

传统建筑构件，常见于木结构建筑的角梁端部，套于木材之外，起到防腐、装饰的作用。一般为陶制，高等级者可用琉璃。

材分制

北宋时期的建筑设计模数制度，以斗拱尺度为基础，分为八个等级，以此控制了整座建筑的尺度与比例关系。至清代演化为斗口制度，分为十一个等级。

剪边

指在屋脊和檐口使用与屋面不同色彩、种类的瓦件，突出屋面边际线与屋顶轮廓。元代之后，伴随琉璃瓦的普及，此种做法被大量使用，成为重要的装饰手法。

宝顶

明代皇家陵墓地宫之上的地面封土放弃了早期的覆斗形造型，改为圆丘形，称为宝顶。

宝城

明代皇家陵墓首创，以墙垣环绕宝顶，形同一座小城，作封护保卫之用，故得名宝城。

方城明楼

同为明代皇家陵墓首创，指的是在宝城南侧设城门及门楼，即为方城明楼。

祾恩门

明代皇家陵寝正门。嘉靖十七年（1538年），世宗改陵寝享殿为祾恩殿，正门为祾恩门。至清代改名隆恩殿、隆恩门。

转轮藏

寺院中储存佛经的八角形经柜，柜的中心有轴，可推动旋转。佛教徒认为推动一周相当于念诵一次，具有同样的修行功德。此类佛具普遍装饰华丽，是小木作中的精品。

六拏具

源自藏传佛教，是以大鹏金翅鸟、摩羯鱼、龙女、童男、兽王、象王六种动物组成的吉祥图案，元代以来普遍用于佛像背光等处。因六种动物梵文发音的最后一个字均为"拏"字，故称六拏具。

敕建

指皇帝亲自下令建造，常见于宗教场所，是特殊的荣耀与地位，通常只有最重要的宫观寺庙才能拥有。与之对应，还有略低一等的敕赐，即皇帝亲自赐予庙宇门额。

光塔

指清真寺中的宣礼塔，亦称邦克楼。现存建筑样式繁多，从广州怀圣寺具有早期中亚特色的砖石高塔到西安清真大寺的木制二层楼阁，均可称为光塔。

一池三山

中国皇家园林的构建模式，始于汉武帝时期，沿用至明清。一池指太液池，象征东海；三山指神话中的蓬莱、方丈、瀛洲三座仙山，山上有长生不老的仙人居住。以此模式构筑的园林，蕴含了帝王祈求不朽、模拟人间仙境的愿望。

扇面墙

殿宇内部后檐金柱之间砌筑的室内墙体，一般位于佛坛之后，常于其上绘制壁画或安置雕塑。如北京法海寺正殿内的扇面墙，就绘制了包括水月观音在内的三大士壁画。

须弥山

佛教术语，源自婆罗门教，是佛教世界观的一种表达，指位于世界中心的神山。山体周围有海水及日月环绕，海上有四大部洲和八小部洲。山顶为帝释天居所，四面山腰驻有四大天王及其眷属。

对景

中国古典园林重要的设计手法之一，园林中的不同景物可互相对视，形成互借对比，可有效地丰富景观效果。不同大小的空间，不同尺度、造型的建筑，不同景深与层次的景物之间均可使用。

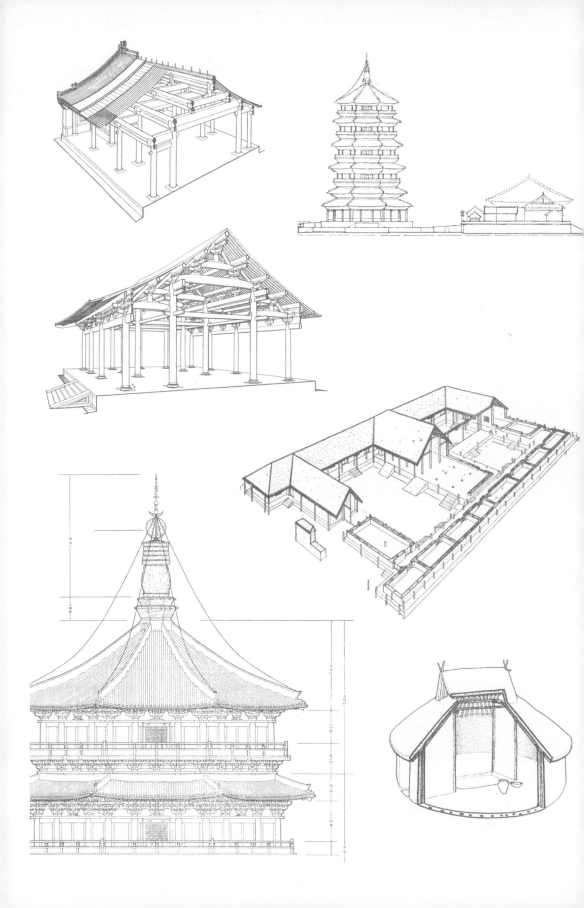